量子論のエッセンス

元岐阜大学教授
理学博士

松下 栄子 著

裳華房

ESSENCE OF QUANTUM THEORY

by

Eiko MATSUSHITA, DR. SC.

SHOKABO

TOKYO

はじめに

　「量子力学」という科目は，大学で学ぶ物理系科目の中でも，最も難しいという印象をもたれ，理解しにくい内容とされているが，実は大変アカデミックな魅力に満ちあふれた学問でもある．しかも，私たちが日常生活で目にする自然界の巨視的（マクロな）現象や，大学の低学年で必須科目とされる基礎的な物理実験のテーマの中にも，微視的（ミクロな）物体を対象とする「量子力学」の導入口になる事柄がたくさん含まれているのである．

　日頃から自然現象に対する素朴な疑問をもっていれば，また，理系の学科ならどこの大学にでもあるような簡単な測定装置による実験をすれば，なぜだろう？　何を見ていることになるのかな？といった単純な好奇心が引き金になって，その奥に潜む深遠な物理現象の「哲学」（量子論）へと誘い込まれてしまうものである．そのような"自然に理解できてしまう量子力学"が記述できれば幸いだ，というねらいで（それを密かに願って），本書は書かれている．（なお，ここでいう「量子力学」は，物理学の学問系譜の中に位置する科目のことであるが，他の科目とは一線を画する敷居の高さがあり，斬新な考え方を必要としている．そこで，量子力学を理解するときの"ものの見方・考え方"を指す部分を，あえて「量子論」と表現しておく．）

　しかし，そうはいっても，物質を構成している原子・分子や電子の振舞いは，ミクロな世界に特有の「自然界の法則」に支配されている．また，ミクロな世界であるがゆえに，私たちが日常生活では感じていない性質までもが加わってくるので，頭を柔軟にして受け入れる心構えは必要である．

　また，各場面で登場する電子や光も，粒子性と波動性を併せもつ，という奇妙な特徴を有することがわかり，「不確定性原理」とよばれる一見難しい関係（ミクロな世界のルール）に従って運動するので，その事実は認めざる

を得なくなるであろう．そして，これらの実態を無理なく学び，納得した上で，大学入学までに習った物理よりは少し発展した形をもつ運動方程式が必要になることを理解できれば占めたものである．

なお，本書では，文中でキーワードとなる語には🖋マークを付けて目出つように工夫してあるので，理解の助けとしてほしい．

そうして量子の考え方に慣れてくると，ここに登場する運動方程式の表し方と解き方を会得することにより，さまざまな現象を説明できるようになるであろう．さらに，ミクロな量子の世界を知ることにより，日常のマクロな世界で体験することとも上手く繋がってくることが感じられれば，すでに「量子力学」は合格の域に達しているといえる．そのプロセスの醍醐味を経験してほしい．

最後に，本書を書くに当たり，筆者が長年授業で愛用してきた原島 鮮 先生の「初等量子力学（改訂版）」（裳華房）が根底にあったことを明記し，ここに改めて著書に敬意を表したい．また，本書の刊行を計画し，"これまでに出版されたことのない，学生目線の書物が欲しい"と熱心に説得くださり，辛抱強く執筆を待っていただいた，裳華房企画・編集部の小野達也氏に心から感謝いたすとともに，文章チェックの労に御礼申し上げる．筆者と裳華房とは20年にわたり，授業で採用する数々の教科書を介して交流のあった間柄で，販売部の江波戸重雄氏には，今回の執筆のきっかけを作っていただいたものと拝察し，ここに感謝申し上げる．

2010年10月

松下 栄子

目　　次

第 I 部　量子論の必要性

1.　量子としての電子
§1.1　量子論への扉 ・・・・・・・・・・・・・・・・・ *2*
§1.2　量子論はなぜ必要か？ ・・・・・・・・・・・・・ *4*
§1.3　量子論を必要とする実験事実 ・・・・・・・・・・ *9*

2.　量子としての光
§2.1　光の波動性　—ヤングの実験とニュートンリング— ・・・・・ *17*
§2.2　光の粒子性　—光電効果— ・・・・・・・・・・・ *25*
§2.3　光の粒子性　—コンプトン効果— ・・・・・・・・ *30*

3.　量子の確率的挙動
§3.1　電子と光の粒子性・波動性 ・・・・・・・・・・・ *34*
§3.2　量子における粒子性・波動性の共存 ・・・・・・・ *36*
§3.3　量子の存在確率 ・・・・・・・・・・・・・・・・ *43*

4.　不確定性関係
§4.1　位置と運動量の不確定性関係 ・・・・・・・・・・ *48*
§4.2　粒子像と波動像の相補性 ・・・・・・・・・・・・ *51*
§4.3　エネルギーと時間の不確定性関係 ・・・・・・・・ *55*

5.　量子の運動方程式
§5.1　存在確率と波動関数 ・・・・・・・・・・・・・・ *58*
§5.2　シュレディンガー方程式 ・・・・・・・・・・・・ *62*

§5.3　自由粒子の量子解 ･････････････････ **68**

第Ⅱ部　量子論の活用法
— シュレディンガー方程式の使い方 —

6．自由粒子の運動 — 境界条件がある場合 —
§6.1　1次元の自由粒子 ･････････････････ **74**
§6.2　3次元の自由粒子 ･････････････････ **78**
§6.3　周期的境界条件 ･･･････････････････ **80**

7．井戸型ポテンシャル
§7.1　方程式と解法 ･････････････････････ **83**
§7.2　井戸型ポテンシャルの物理的考察 ･･･ **90**

8．山型ポテンシャル — トンネル効果 —
§8.1　階段型ポテンシャル ･･･････････････ **96**
§8.2　山型ポテンシャルの解 ･････････････ **99**

9．調和振動子 — 物性物理における汎用例 —
§9.1　調和振動子の運動方程式 ･･･････････ **105**
§9.2　調和振動子の解 ･･･････････････････ **107**

10．中心力場の中の粒子
§10.1　中心力場 ･･･････････････････････ **112**
§10.2　角度成分と動径方向の解 ･････････ **116**

付　録	・・・・・・・・・・・・・・・・・・・・・・・・・・・***123***
あとがき	・・・・・・・・・・・・・・・・・・・・・・・・・***126***
索　引	・・・・・・・・・・・・・・・・・・・・・・・・・・・***127***

第Ⅰ部
量子論の必要性

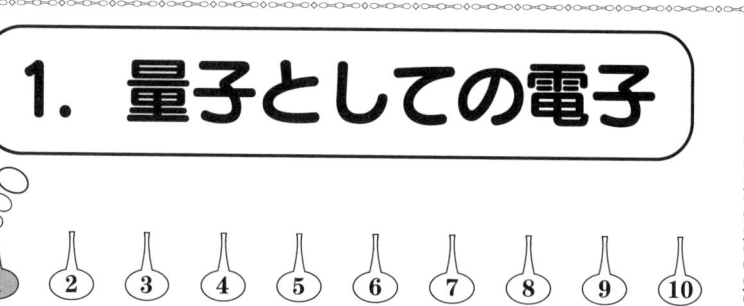

1. 量子としての電子

　本章では，まず"電子"についておさらいしてみる．案外，わかり切っていると思い込んでいたことが，決して当たり前な事ではなくて，考えてみれば不思議だとか，なぜだろうと疑問を発することが勉強を始めるきっかけとなる．そして，電子を"量子"として扱わねばならない現象を理解しよう．

§1.1　量子論への扉

　私たちが普段目にしている固体物質を細かく分解していくと，やがて原子が並んだ集団が見えてくるものと想像される．そして，その原子は，原子核の周りを原子番号と同数の電子が決められた軌道を描いて回っているもの，という姿を常識として知っているであろう．しかし，その一方で，次のような素朴な疑問を感じたことはないだろうか？

① 原子の大きさは，原子核の大きさよりはるかに大きい．つまり，電子は負の電荷をもちながら，正の電荷をもつ原子核にくっ付いてしまうことはなく，原子は有限の大きさを保って安定に存在している．そのため，原子の集団から成る固体物質も有限の大きさをもち，無限小につぶれてしまうことはないのである．でも，それはいったいなぜだろうか？

② 原子から放出される光を観測すると，線状に分解された色から成る**スペクトル**とよばれるものが見られ，それはとびとびの決まった色しか現れない．このことはどのように理解すればよいのだろうか？

　このような疑問をもつことはとても自然なことであり，現代に生きる者として，あるいは少なくとも理工系を志す者としては，その答え方を知っておきたいものであるが，いざ明快な解答をしようとすると決して容易なことではない．それは，大学入学以前に学んだ物理（もしくは科学）の知識をある程度要求されたり，日常の用語だけでは説明しづらい，もう一歩踏み込んだ知見や，若干の数式を持ち込むことが必要となったりするからである．しかし，このことは決して話を難しくしようというのではなく，数式を便利に使った方が，的確で簡単な説明が可能になるから用いるのである．

　このとき有用な要（かなめ）になるのが"量子論"という考え方である．量子論は，理学や工学におけるあらゆる先端分野を学ぶ際の基盤になるばかりか，日常目にする自然現象や，毎日使っている器具・電化製品の中にも応用されているが，理工系の大学で授業を受けたときに初めて触れられる，新しいものの見方でもある．

　一般向けに数式を省いて易しく書かれた量子論の本もあるが，本書では，正確さを損なうことがないように，簡単な数式は省略せずにとり込むことにより，学生諸君が量子力学の授業を理解するのに助けとなる自学自習用の副読本として活用できるようになっている．また，量子力学の授業を直接受講する機会のない人たちにとっても，現代を生きる上で参考書として役立つよう，必要不可欠な考え方を丁寧に書いてある．各章を自力で追えるように誘導してあるので，まずこの第I部を読破した上で，目的に合わせて，第II部の必要な章を学ぶと効率的であろう．

4　1. 量子としての電子

§1.2　量子論はなぜ必要か？

　この節では，前節に挙げた疑問①，②に対して答えていくが，まず手初めに，これまで（大学入試を経て，理工系学部に入学した段階）の知識で説明することを試みる．本章の説明で満足できればそれでも構わないが，もし不満を感じるなら，または何か釈然とせず誤魔化された気分が残るなら，それをすっきり解消するために"量子論"の世界に踏み込む価値があるというものである．より正確な答え方をするためには，これから話を展開する"量子論"を学べば，自分で見事にできるようになるので，今後の楽しみとして勉学の動機にしてもらいたい．

　初めに，準備として，大学以前の物理（もしくは科学）で習ったことを思い出してみよう．これまで習ってきた原子の描像は，ボーア（Bohr）の原子模型とよばれるもので，原子は原子核（陽子と中性子から成り，正の電荷をもつもの）と電子（負の電荷をもつもの）から成り，互いにクーロン引力で結ばれ，全体として電気的中性を保っているというものである．また，電子（陽子と同数）は原子核の周りを軌道運動していて，質量 m，電荷 $-e$，角運動量 ω をもつ物質粒子としてとらえることができる．

[Exercise 1.1]　電子がこのように"粒子"としての描像をもつことは，陰極線の実験によって電子を発生させたときに証明できたとされている．それはどのような実験か，調べてみよ．

　一方，電子は，**ド・ブロイ**（de Broglie）**波**ともよばれ，波動の性質ももっている．それは，電子のエネルギー E や運動量 p が，振動数 ν や波長 λ，波数 k を用いることによって，次のように書けることに現れている．

$$E = h\nu = \hbar\omega$$
$$p = mv = \frac{h}{\lambda} = \hbar k$$
$$\left(\hbar = \frac{h}{2\pi},\ h:\text{プランク定数（第2章で導出）}\right) \quad (1.1)$$

最後の式を導く際，$p = h\nu/c$，$\nu = c/\lambda$（c は光速）の関係式を用いてあり，$\lambda = h/p$ はド・ブロイの関係式とよばれるものである．

ド・ブロイ波

> [**Exercise 1.2**] 電子をド・ブロイ波とよぶのはなぜか．高校で学んだ物理の教科書を用いて説明してみよ．

〈**発展的考察**〉 電子の質量 m は速度 v とともに変化することが知られており，次式に従って静止質量 m_0 から変化する．

$$m = \frac{m_0}{\sqrt{1-\left(\dfrac{v}{c}\right)^2}}\ [\text{kg}]$$

ここで，
$$c = 3.0 \times 10^8\ [\text{m/s}]$$
$$m_0 = 9.1 \times 10^{-31}\ [\text{kg}]$$

である．また，電子の静止エネルギーも

$$E = mc^2 = \frac{m_0 c^2}{\sqrt{1-\left(\dfrac{v}{c}\right)^2}}\ [\text{J}]$$

と変化する．ただし，これらの式は，電子の速度 v が光速 c と比べて意味をもつ程度に速い運動をしている場合に，「相対性理論」とよばれるものを考慮した結果である．しかし，トランジスター内で走る電子のように，普通，デバイス工学等の分野で扱う電子の場合は $v \ll c$ なので $m = m_0$ と見なしてよく，静止質量のときから変化するという心配はない．したがって，本書では添字を省き，m と書く．

式 (1.1) はそれぞれ簡単な関係式であるが，重要な意味をもっている．

イコールで結ばれた式は，左辺（粒子がもつ物理量である E, p）を右辺（波動がもつ物理量である λ, ν, ω, k）でおきかえることができることを示している．（ここで，電子のもつ波長は非常に短いという特徴があるが，後で［Exercise 1.6］として確かめることにする．）また，波の言葉で表すとき，波長 λ と波数 k の間には，

$$\lambda k = 2\pi \tag{1.2}$$

の関係が成り立つことからわかるように，波動の世界では，単位となる長さが 1 ではなく，いつも 2π であることに注意しておこう（図 1.1(a) を見よ）．

さて，ここで"ボーアの量子条件"という用語を覚えていたら，どういうものだったか思い出しておこう．もし全く聞き覚えがなければ，以下の説明で理解できるかどうか試みてみよう．

これは「波動性をもった粒子」の描像を意味するもので，以下のようなことをいう．例として，最も小さい原子である水素（H）原子をとりあげる．電子（$-e$）は原子核（$+e$）の周りで軌道を描いて回るものとイメージしがちであるが，決してボールのような単なる粒子が，ぐるんぐるんと周回運動しているわけではない．図 1.1(b) に示すように，波動を描きつつ回る粒子だとすると，波のくぎりがちょうどよいところで 1 周を終えるように軌道運動しなければならないことになる．

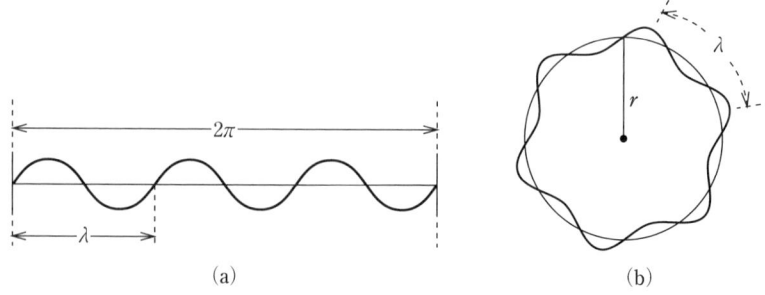

図 1.1 (a) $\lambda k = 2\pi$ が成り立っている（図は波数 $k = 3$ のとき）．
(b) 電子のド・ブロイ波

このことを，数式を用いて表すと，
$$2\pi r = n\lambda \quad (n = 1, 2, 3, \cdots) \tag{1.3}$$
を満たす運動ということである．n は 1 周分に存在する波の数を表していて，1 以上の整数であれば何でもよい．つまり，波動性をもちながら運動すると，粒子の軌道はシャープなものではなく，波の振幅に相当する幅をもった，ぼんやりとした雲のような軌道になるのである．これが"電子雲"とよばれる所以である．

先に示した，λ と p の関係式 (1.1) を使うと，
$$2\pi r = n\frac{h}{mv} \tag{1.4}$$
となるので，次の式ができあがる．
$$mv \times 2\pi r = nh \tag{1.5}$$
この式の意味は，（運動量）×（軌道 1 周の長さ）が（プランク定数の整数倍になる）というものであり，"ボーアの量子条件"として知られている．

🔑 ボーアの量子条件

次に，電子が原子核から受ける力には静電引力とよばれるものがあり，力の大きさを cgs 単位系で表すと e^2/r^2 という簡単な形で書けるが，これは電子が原子核の周りを運動するとき，向心力のはたらきをするものになる．したがって，
$$\frac{e^2}{r^2} = \frac{mv^2}{r} \tag{1.6}$$
という式が書ける．（MKSA 単位系では，電磁気学で習うように左辺の分母に $4\pi\varepsilon_0$ が掛かるが，面倒なので，文字式で表すときは cgs 単位系を採用するのが便利である．ただし，電子の具体的な物理量を計算する際には，MKSA 単位系に直して数値を代入するとよい．）

式 (1.6) を少し変形して，すっきりさせると，

1. 量子としての電子

$$v^2 = \frac{e^2}{mr} \tag{1.7}$$

となるので，これを式 (1.5) に代入すると，

$$2\pi mr \frac{e}{\sqrt{mr}} = nh \tag{1.8}$$

が得られる．この式を整理すると

$$\sqrt{mr} = n\frac{\hbar}{e} \tag{1.9}$$

となるので，電子が描く軌道の半径 r は次のように求められる．

$$r = \frac{\hbar^2}{me^2}n^2 \quad (n = 1, 2, 3, \cdots) \tag{1.10}$$

この r に従う運動がボーアの量子条件を満たす軌道，すなわち電子の安定軌道になる．そして，$n = 1, 2, 3, \cdots$ しか許されないので，電子は**とびとびの軌道**だけをもつことになる．

🔑 **電子の安定軌道**

以上のようにして，水素原子において，原子核の周りで電子の描く軌道（平均としての円軌道）の半径を出すことができた．ここで n は**量子数**とよばれる．整数値しか許されないということは，n 番目という1つの軌道から $n+1$ 番目の次の軌道との間には大きな溝があり，その途中の運動をすることは認められないことになる．また，$n = 0$ は存在せず，一番小さい軌道でも $n = 1$ のときの大きさ，つまり最小限の大きさがあることが証明された．よって，原子は無限小につぶれてしまうことはないのである．このことを理解できたら，素朴な疑問①は解決できたことになる．

🔑 **量子数**

[Exercise 1.3] §1.1の素朴な疑問①を，自分なりに説明してみよ．

§1.3 量子論を必要とする実験事実

§1.2 で，原子中の電子が描く円軌道の半径（波動性があるので幅をもつが，最も電子の存在する可能性が高い，平均値としての半径）がわかった．そこで，この節では，安定な軌道を描いて運動している電子のもつエネルギーを求めてみよう．

電子の力学的エネルギーは，運動エネルギーと位置エネルギー（ポテンシャル・エネルギー，または単にポテンシャルともいう）の和で書けるので，

$$E = \frac{1}{2}mv^2 - \frac{e^2}{r} \tag{1.11}$$

となる．右辺の第1項は運動エネルギー，第2項は，$+e$ と $-e$ の2つの電荷が距離 r を隔てて存在することを表すポテンシャル・エネルギーで，

$$V = (+e)\frac{(-e)}{r} \tag{1.12}$$

を記したものである．

（注）ここで，ちょっと脱線して，力学で習った位置エネルギー V について復習しておこう．

バネ定数 k のバネにつながれた物体を x だけ引っ張ると，逆方向に戻ろうとする力（復元力）F がはたらく．数式で表すと，$F = -kx$ である．このときポテンシャル・エネルギーは，$V = (1/2)kx^2$ と書ける．力とポテンシャルの表し方はどちらの形で覚えていてもよいので，F と V の間には常に，$F = -dV/dx$（$F = -\mathrm{grad}\,V$）の関係があることを理解しておいて，片方の数式がわかればもう片方の数式を導けるように，いつでも変換できるようにしておこう．

式 (1.7) を式 (1.11) の第1項に代入すると，都合のよいことに，

$$\begin{aligned}E &= \frac{1}{2}\frac{e^2}{r} - \frac{e^2}{r}\\ &= -\frac{1}{2}\frac{e^2}{r}\end{aligned} \tag{1.13}$$

となる．そこで，式 (1.10) で求めた r の値を代入すると，

1. 量子としての電子

$$E_n = -\frac{me^4}{2\hbar^2}\frac{1}{n^2}$$

$$= -\frac{e^2}{2a_0}\frac{1}{n^2} \quad (n=1,2,3,\cdots) \tag{1.14}$$

が得られる．ここで a_0 は**ボーア半径**として定義されるもので，式 (1.10) において $n=1$ とおいたときの r の値，すなわち

$$a_0 = \frac{\hbar^2}{me^2} \tag{1.15}$$

に相当する．右辺の各物理量 m, e, h に具体的な数値を入れて計算すると，$a_0 = 0.53 \times 10^{-8}$ [cm] $= 0.53$ [Å]（1 Å $= 10^{-10}$ [m]）が求められるので，ボーア半径は約 0.5 Å と覚えておこう．

つまり，水素原子（H）1 個分の直径が約 1 Å であることを知っておきたい．むしろ，最小原子である水素原子のサイズから，Å（オングストローム）という，ミクロな世界での長さの単位が定義された，ということを理解しておくとよい．（例えば，5 Å の長さをイメージするとき，仮に水素原子を並べたとしたら 5 個分ということになる．）

> [**Exercise 1.4**] ボーア半径 a_0 の数値を求めてみよ．計算に際しては，MKSA 単位系に直すとよい．また，a_0 を式 (1.15) で定義すると，エネルギー E が式 (1.14) となることを導き，水素原子の最低エネルギーの値 $E(n=1)$ を計算せよ．ただし，プランク定数 h の値は，$h = 6.6 \times 10^{-34}$ [J·s] とする．

式 (1.14) から，エネルギー E の値も，整数値 $n = 1, 2, 3, \cdots$ に対応するとびとびの値しかもたないことがわかる．これを**エネルギー準位**とよぶ．

🔑 **エネルギー準位**

ただし，先の r の式 (1.10) と異なり，分母に n^2 があるので，n の値が

§1.3 量子論を必要とする実験事実　11

```
                                              E
            n = ∞  ════════  0      ─────
                   ────────         e²/2a
            n = 3  ────────  −1/9
励起状態     n = 2  ────────  −1/4




基底状態     n = 1  ────────  −1         図 1.2
```

1つ進むとき，E の値の差はどんどん小さくなることに注目したい．

ここで，電子の安定軌道（つまり，$n = 1, 2, 3, \cdots$ という許される場合）に対応するエネルギー準位を実際に描いてみよう．

図1.2では，E を無次元化するために $e^2/2a$ で割った値で示してある．最も低いエネルギー状態（$n = 1$）のことを**基底状態**，それより高いエネルギー状態（$n \geq 2$）のことを**励起状態**とよんでいる．

$n = \infty$ の場合（つまり，電子が原子核から十分遠い距離にあり，全く影響を受けない場合）は $E = 0$ に相当し，他の状態は，それより安定なので低いエネルギー準位をとることになり，マイナスの値をもつ．E の値が小さいほど，より安定であることを意味する．そして，n の大きい励起状態から n の小さい励起状態へ，もしくは基底状態（$n = 1$）へ，その差額のエネルギーを光として放出することにより，占める準位を変える（遷移する）ことができる．

自然界では，より低い安定なエネルギー準位を求めて遷移が起こることを，実験で観測することができる．そのとき放出される光の振動数 ν（$E = h\nu$ より）に相当する色が，原子のスペクトル（n の値の差もとびとびなので，線スペクトルとなる）となって測定にかかるからである．そこで，水素原子 H（原子番号 $Z = 1$）について，次の図1.3のような実験をすることができるのである．

[**実験**]　図1.3(a) は，水素の放電管から発せられた光を検出する実験である．

12   1. 量子としての電子

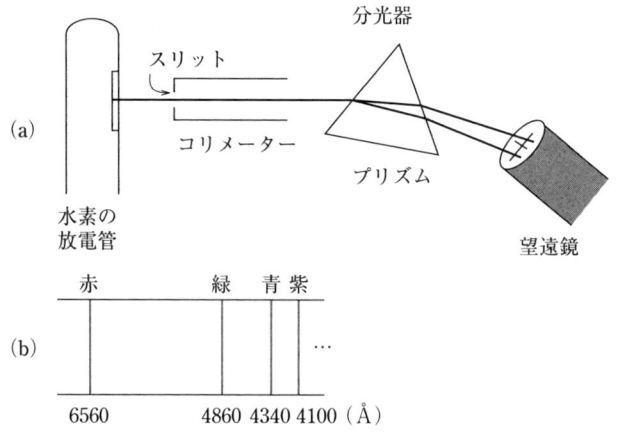

図 1.3 (a) 水素の放電管から出る光の検出実験（色により屈折率が異なる）
(b) 水素原子のスペクトル

コリメーターのスリットを通って来た水素原子の平行光線は，分光器内のプリズムを通して屈折率の異なる色ごとに分解されるので，望遠鏡で覗いたときにそれぞれ別々の位置で観測することができる．人間の目には赤 6560 Å，緑 4860 Å，青 4340 Å，紫 4100 Å という 4 つの波長に相当する色が識別可能なので，それぞれの色を，離れた位置座標とともに観測できることになる（図 1.3(b)）．このように，可視光線の色の波長（あるいは振動数）を実験で確かめることができるのである．

このとき，エネルギー準位間の遷移（m 番目の準位から n 番目の準位へ）を表す数式は，一般に，

$$E_m - E_n = h\nu \quad (n = 1, 2, 3, \cdots ; m = n+1, n+2, \cdots)$$

(1.16)

と書くことができる．E_n は，リュードベリ（Rydberg）定数（原語読みでは，リドベルグ定数）とよばれる $R_\mathrm{H} = 1.097 \times 10^5 \,[\mathrm{cm}^{-1}]$ を用いることにより，

§1.3 量子論を必要とする実験事実 13

$$E_n = -\frac{hc}{n^2}R_\text{H} \tag{1.17}$$

$$R_\text{H} = \frac{e^2}{2a_0}\frac{1}{hc} = \frac{me^4}{4\pi\hbar^3 c} \tag{1.18}$$

とまとめることができる.

> [**Exercise 1.5**] E_n を式 (1.17) とおくとき, R_H が式 (1.18) になることを示せ.

このエネルギー E_n を無次元量に直したものを T_n で表すと, スペクトル項として定義されるものになる.

$$\begin{aligned}T_n &= -\frac{E_n}{hc} \\ &= \frac{R_\text{H}}{n^2} \\ &= \frac{me^4}{4\pi\hbar^3 c}\frac{1}{n^2} \quad (n=1,2,3,\cdots)\end{aligned} \tag{1.19}$$

これを式 (1.16) に代入することにより, 次の重要な関係式を導くことができる.

$$\frac{1}{\lambda} = \frac{\nu}{c} = R_\text{H}\left(\frac{1}{n^2} - \frac{1}{m^2}\right) \tag{1.20}$$

この式は**スペクトル線のバルマー公式**とよばれるもので, 飛び移る先の準位 n の値によって系列が異なる遷移とされ, 名前が付けられている. それらをまとめると,

　　　［紫外部］　　　ライマン (Lyman) 系列：$n=1$；$m=2,3,4,\cdots$
　　　［可視部］　　　バルマー (Balmer) 系列：$n=2$；$m=3,4,5,\cdots$
　　　［赤外部］　　　パッシェン (Paschen) 系列：$n=3$；$m=4,5,6,\cdots$
　　　　　　　　　　　ブラケット系列：$n=4$；$m=5,6,7,\cdots$
　　　　　　　　　　　　　プント系列：$n=5$；$m=6,7,8,\cdots$

となる．可視部であるバルマー系列のスペクトルが，我々人間の目に色づいて見えるので，線スペクトルとして観察されるのである．このようにして，§1.1 の素朴な疑問②は理解できたことになる．

以上，第1章を通してみると，我々が日頃抱いている電子や原子にまつわる素朴な疑問について，簡単な計算をしたり，実験事実を的確に説明したりして答えることができた．その過程において，「電子には，粒子性（質量，運動量，エネルギーをもつ物体という性質）と同時に，波動性（ド・ブロイ波という性質）も備わっている」という両方の性質が共存することを認めた上で，それを数式に反映させる必要があることを学んだ．

⟨*発展的考察*⟩　ここで，波としての電子線の応用例（波長 λ が非常に短いことを利用したもの）を挙げておく．

1. 電子顕微鏡

電子線を，電場 E と磁場 H で進路を曲げて結像する，電子レンズの原理で作る．その分解能は，電圧 100 万 V で加速された電子線の場合，2 Å 程度である．つまり，このまま使えるなら，原子を1個ずつ観察するのが可能になるが，実際には周期表の中でも軽い原子（例えば，酸素 O，水素 H）は現在でもまだ観察することは不可能である．

一方，科学の実験でなじみのある光学顕微鏡の場合は，電子線に相当するものが光であり，光学レンズで集光して物体の拡大像を結ぶというものである．その分解能は，光の波長より小さい物体の像は結べない，という原理から数千 Å となる．

2. 集積回路 (IC, LSI)

数ミリ平方の半導体基盤上に多くのトランジスターやダイオード，コンデンサー，抵抗等の回路素子を並べ，全体として1つの電子回路にしたものを集積回路 (IC) とよぶ．中でも特に大がかりなものを LSI と称する．光より波長の短い電子線を利用して，基盤上のメモリーを大きくする技術が，現在の大型計算機の開発につながっている．

3. 電子線回折

電子線は X 線よりエネルギーが大きいために，結晶表面にしか入らない（結晶中に入ると直ぐ減衰してしまう）性質をもつ．そのため，結晶に入射させると，その波長 λ が結晶の格子間隔とほぼ等しいところでいろいろな方向に回折し，強

§1.3 量子論を必要とする実験事実　15

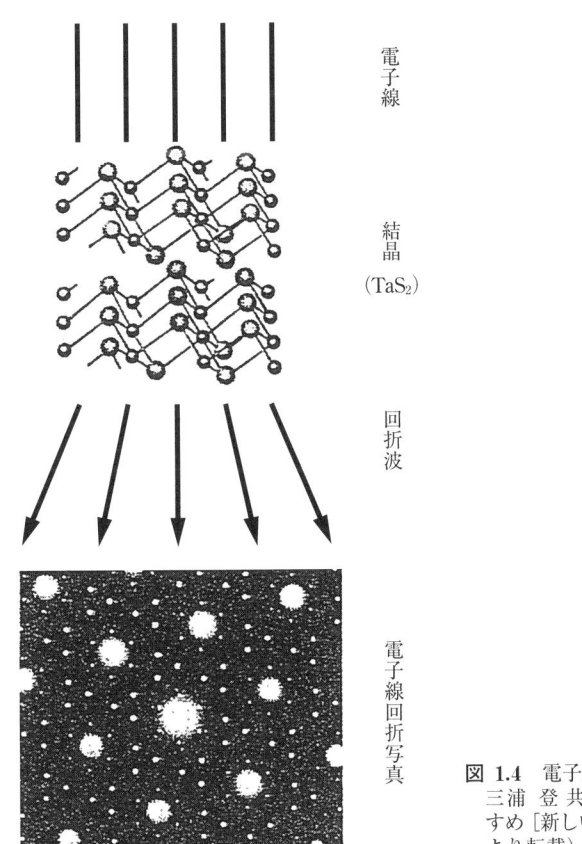

図 1.4 電子線回折のしくみ（生嶋 明・三浦 登 共編：「続々・物性科学のすすめ［新しい物質と測定技術］」（培風館）より転載）

め合う（もしくは弱め合う）という干渉が起こり，回折写真（黒地に白いスポットが見られるもの）を撮ることができる（図1.4にその原理が示されている）．

[Exercise 1.6]

（1） 水素原子（H）の大きさ（直径）を求めよ．

（ヒント：電子1個が原子核（陽子1個）の周りを，雲のようなぼんやりとした軌道を描いて運動するとき，原子核（点と見なす）からの距離，つまりボーア半径 $a_0 = r(n=1)$ がどれだけになるかを計算すればよい．）

16　1.　量子としての電子

（2）電子線を電圧 V [volt] で加速して作る．$V = 100$ [volt] のとき，電子の速さ v はいくらか？　また，その電子のド・ブロイ波としての波長はどれだけか？　さらに，$V = 1$ 万 [volt] にすると，波長はどのようになるか？

（ヒント：電子の運動が速いほど運動量 p は大きくなるので，波長 $\lambda = h/p$ は非常に短くなることを確認すればよい．）

〰〰〰〰〰〰〰〰〰〰〰〰〰〰〰〰〰〰〰〰〰〰〰〰〰〰〰〰〰

[**Exercise 1.4**] の解答

$$\text{ポテンシャル：}\quad V(r) = -\frac{1}{4\pi\varepsilon_0}\frac{e^2}{r} \quad \text{(MKSA)}$$

より

$$a_0 = \frac{4\pi\varepsilon_0 \hbar^2}{me^2} = 0.53 \text{ [Å]}$$

（ただし，$4\pi\varepsilon_0 = 10^7/c^2$ （c：光速），$\varepsilon_0 = 8.854 \times 10^{-12}$ farad/m）；

$$E(n=1) = -13.6 \text{ [eV]}$$

[**Exercise 1.6**] の解答

（1）本文参照．$a_0 = 0.53$ [Å]

（2）$eV = \frac{1}{2}mv^2$, $p = mv$ より $v = 5.93 \times 10^6$ [m/s].

$\lambda = h/p = h/\sqrt{2meV}$ より $\lambda = 1.23$ [Å].

V が 10^2 倍になると，λ は $1/10$ になる．

2. 量子としての光

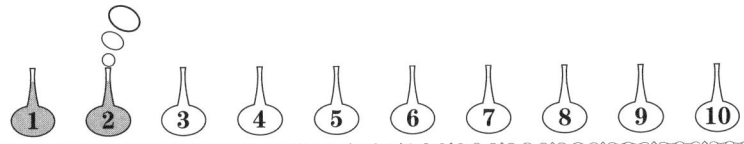

　本章では，電子と並んでもう1つの主役である"光"についての知識を整理してみる．まず，これまで光に対して扱ってきた波動としての性質を復習し，前章での電子の場合と同様に，疑問を感じる事実に直面したとき，どのように考え方を発展させればよいのかを模索し，光のもつ性質の奥深さを理解することにしよう．

§2.1　光の波動性 ―ヤングの実験とニュートンリング―

　日常生活で私たちが目にする光は，太陽光線であったり，色づいて見えるもの（例えば，トンネルの中で目にするオレンジ色のNaランプ）であったり，"電磁波"として感じているものである．また，メディアを通して，春から夏にかけての紫外線（UV）対策が叫ばれたり，日焼け肌のイメージが20〜30年前（健康的と見なされ，テレビCMでもてはやされた）と現在（シミやしわの要因と言われ，防御すべき悪者になっている）とでは変わってきたり，といくつも例が挙げられるように，"光"が毎日の生活の中で関心の高いものになっていることは確かである．

　まず簡単に解釈しておくと，夏の日焼けは，紫外線（波長 λ が短い）により皮膚が化学変化を起こしたものであり，大きなエネルギーが人体に影響を及ぼしたことがわかる．一方，冬に使うストーブは熱線（波長 λ が長い）

を利用したもので，化学変化を起こすだけの力はなく，やけどをする（原因は別の話である）ことはあっても日焼けはしない．このように見てくると，電磁波としての光の振舞いに関心がもてるであろう．

さて，光とは電磁波の一種であるが，電磁波というものの正体をしっかり学習しておこう（図2.1）.

"電磁波"とはその名の通り波動性をもつが，実にさまざまな種類のものがあって，エネルギーの大小も極端である．波長 λ の長い（振動数 ν の小さい）ものから，波長の短い（振動数の大きい）ものまで桁違いに千差万別で，バラエティー豊かに存在する．λ の大きいものから順に主な名称を並べると，電波（長波，中波，短波，VHF，UHF，マイクロ波），遠赤外線，

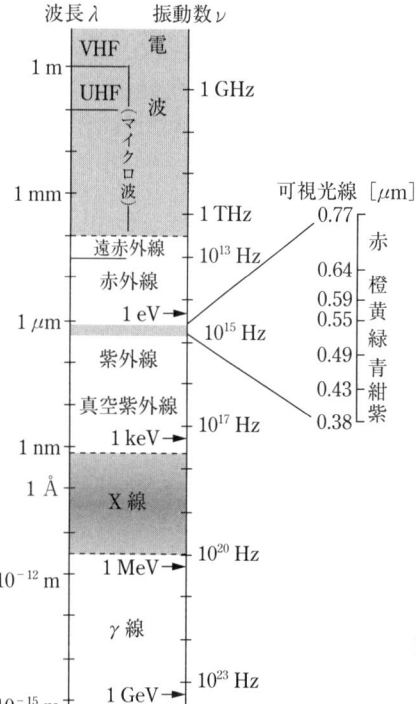

図 2.1 電磁波の波長と振動数．波長の長い電波は省略してある．（国立天文台 編：「理科年表 平成22年版」（丸善，2010）による）

赤外線，**可視光線**（赤橙黄緑青紺紫），紫外線，X線，γ線，となる．そして"量子論"においては，これらの電磁波を一括して，単に「光」と称して扱うことになる．

なお，人間の目に色づいて見えるのは，可視光線という狭い領域だけなので，いわゆる"虹の7色"と呼ばれる波長（もしくは振動数）の電磁波が，日常的になじみのある光といえる．

まず，この節では，光の波としての性質を思い出し，その表し方（数式を用いた記述の仕方）を復習しておく．波は決して1点（座標 $x = x_0$）に存在することはなく，空間に広がろうとするから，その表し方 $u(x)$ は，波の振幅の大小や時間変化を繰り返すという特徴を盛り込んで，次のように書くと都合がよい．（すでにこれまでに習ったように，波はコサイン（cos）やサイン（sin）という数学の関数で表してきたはずである．）

$$u(x) = A\cos(\omega t + \delta) \quad \text{あるいは} \quad u(x) = A\sin(\omega t + \delta) \tag{2.1}$$

ここで，波の振幅を A，位相を δ とおいてある．どちらの表し方でもよく，cos形とsin形では位相が $\pi/2$ だけずれると習ってきたであろうが，次のようにまとめて書き直すこともできる．

$$\phi(x) = A\{\cos(\omega t + \delta) + i\sin(\omega t + \delta)\} \tag{2.2}$$

（このように表して，x 軸方向に進む波を実部で表し，y 軸方向の波を虚部で表すことがしばしばある．また，電気・電子工学の分野では，虚数は i でなく j で書くこともよく見られる．）

式（2.2）の左辺 ϕ（ギリシャ文字で，プサイと読む）は，複素関数のパラメーターで，波の正体を表す関数形となる．この ϕ は，同じことを表現しながら，次のように書き替えられる点で便利である．つまり，

$$\phi = Ae^{i(\omega t + \delta)} = Ae^{i\delta}e^{i\omega t} \tag{2.3}$$

とすると（$e^{i\theta} = \cos\theta + i\sin\theta$），振幅 A と位相 δ を一緒に扱えるので，時間変化するものだけを別にできるから便利なのである．

よって，式 (2.1) は，式 (2.2) あるいは式 (2.3) の，実部 $\mathrm{Re}\{\psi\}$ と虚部 $\mathrm{Im}\{\psi\}$ に当たると見ることができる．

さて，ここで波の強度について考えることにしよう．波のエネルギー（波のもつ力学的エネルギー）という物理量がわかれば，それを単位面積・単位時間当りに換算したものが，波の強度 I であると定義することができるので，まず，波のエネルギー E の表し方から考察していくことにする．力学で学ぶように，力学的エネルギーは運動エネルギーと位置エネルギーの和で表せるので，

$$E = \frac{1}{2}mv^2 + \frac{1}{2}m\omega^2 u^2 \tag{2.4}$$

と書いてよいが，直ぐにわかるであろうか．§1.3 で扱ったときと同様の表現である．

（注）物体のもつポテンシャル（位置エネルギー）は，バネ定数 k に当たるものが与えられているときは $V = (1/2)ku^2$ のように書ける．しかし，バネが直接存在しない場合は，原子（質量 m）の振動の様子（振動数 ν, $\omega = 2\pi\nu$）を，バネの振動に見立てて $\omega = \sqrt{k/m}$ と表せる．したがって，式 (2.4) の第 2 項のように，$k = m\omega^2$ とおいて位置エネルギーを書けばよいのである．

ここで，光の波を表す関数として，式 (2.1) の $u(x) = A\sin(\omega t + \delta)$ を用いることにすると，その速さ v は

$$v = \frac{du}{dt} = \omega A \cos(\omega t + \delta) = \omega \cdot \mathrm{Re}\{\psi\} \tag{2.5}$$

となるので，式 (2.4) のエネルギーは次のように書くことができる．

$$E = \frac{1}{2}m\omega^2[(\mathrm{Re}\{\psi\})^2 + (\mathrm{Im}\{\psi\})^2]$$

$$= \frac{1}{2}m\omega^2|\psi|^2 \tag{2.6}$$

したがって，波の強度 I は，その定義から

$$I \propto |\psi|^2 = A^2 \tag{2.7}$$

というように，振幅 A の2乗に比例する形で表されることがわかる．ここで，式 (2.6) の右辺の $|\phi|^2$ は，$|\phi|^2 = \phi^* \cdot \phi$ を意味するもので，波の正体，つまり波自身を表す関数 ϕ に，左から複素共役 ϕ^* を掛けることを意味している．式 (2.3) の形に表しておくと，計算が楽になることがわかるであろう．

以上のように，光の波としての表し方を復習したところで，非常に大事な性質を導いてみることにしよう．

2つの波 u_1 と u_2 の合成を考えると（図 2.2），個々の波なら

$$u_1(x) = A_1 \sin(\omega t + \delta_1) \quad \rightarrow \quad I_1 \propto |\phi_1|^2 = A_1{}^2$$
$$u_2(x) = A_2 \sin(\omega t + \delta_2) \quad \rightarrow \quad I_2 \propto |\phi_2|^2 = A_2{}^2$$

と書けたのだが，合成した波の強度を求めるには，式 (2.7) の ϕ を $\phi_1 + \phi_2$ におきかえて，

$$I_{12} \propto |\phi_1 + \phi_2|^2 = (\phi_1{}^* + \phi_2{}^*) \cdot (\phi_1 + \phi_2) \tag{2.8}$$

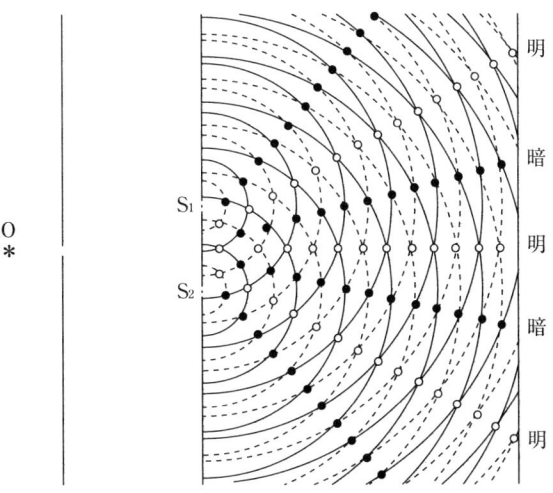

図 2.2 2つの波の合成（ヤングの実験）
　　　○：強め合う（— と —，あるいは --- と ---）
　　　●：弱め合う（— と --- の合成で打ち消し合う）

を計算しなければならないことになる．そこで，便利な式 (2.3) の表現を使うことにすると，式 (2.8) の右辺は次のように整理される．

$$\begin{aligned}|\psi_1+\psi_2|^2 &= (A_1 e^{-i\delta_1}+A_2 e^{-i\delta_2})e^{-i\omega t}\cdot(A_1 e^{i\delta_1}+A_2 e^{i\delta_2})e^{i\omega t}\\ &= A_1{}^2+A_2{}^2+A_1 A_2\{e^{i(\delta_1-\delta_2)}+e^{-i(\delta_1-\delta_2)}\}\\ &= A_1{}^2+A_2{}^2+2A_1 A_2\cos(\delta_1-\delta_2)\end{aligned} \quad (2.9)$$

式 (2.9) の最後の式は指数関数と三角関数の変換で得られ，よく使う数学である．

したがって，波の強度 I の記述に戻すと，

$$I_{12}=I_1+I_2+2\sqrt{I_1 I_2}\cos(\delta_1-\delta_2) \quad (2.10)$$

が得られる．ここで，式 (2.8) における比例定数は I_1, I_2, I_{12} に対して共通のものであったので，式 (2.10) のように両辺とも波の強度を表す式では，イコール記号で書いてよいことがわかる．この式には，波の重要な性質が表されているので，もう少し詳しく考えてみよう．

式 (2.10) の右辺が，もし I_1+I_2 だけならば，2 つの波は単なる足し算となるところだが，第 3 項が存在することが，波に特有の性質があることの証になる．この項は**干渉項**とよばれるもので，cos 形の中の $\delta_1-\delta_2$ が 2 つの波の位相差を表し，cos の値なので +1 から -1 までの連続的な値をとることができる．そして，2 つの波とも振幅の最も高い位置と最も低い位置とを有することから，合成したときに，互いに強め合うところと互いに打ち消し合って弱め合うところの繰り返しが生まれるのである．これが有名な**ヤング**（Young）**の実験**である．

[**実験**] ここで，2 種類の波の干渉を利用したものとして，「**ニュートンリングの実験**」を見てみることにしよう．物理実験の定番メニューの一つである．

図 2.3 のように，ガラス板上に凸レンズを置き，最も凸の部分がちょうどガラス板に接するようにする．レンズの上方から入射した光（Na ランプの光）は，レンズの下端 A 点ではね返る光線と，一旦ガラス板上の B 点まで行った後で反射してくる光線という，2 つの反射波の合成として観測にかかることになる．

凸レンズは，大きな球の一端を切り取って作られた恰好をしているので，上方

から入射した光が，O点から真っすぐ上に伸びた中心線からどのくらい距離の離れた光線なのか（その距離を l とする）によって，AB間の距離も異なるので，「強め合う/弱め合う」という合成波の出方を観測することにより，レンズの元の球体の曲率半径 R を推測できる，という実験である．

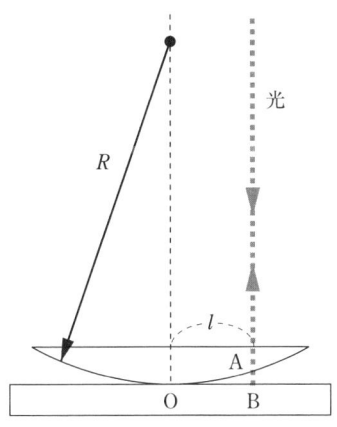

図 2.3 ニュートンリング測定装置の概念図

実際に実験すると，図 2.4 のように，リング状に黒と白の円輪が交互に観測される．同心円の中央は反射波の弱め合った場所なので，黒い円板状に見える．これを 0 番目のリングとして，右方向へ m 番目の所にあるリングの位置座標 x_m を，装置に取り付けたマイクロメータの読みから測り，同様に左方向へ m 番目のリングの位置座標 $x_{m'}$ も読み取ると，その差がリングの直径となる．よって，

$$|x_m - x_{m'}| = 2l_m \qquad (2.11)$$

の関係式が成り立つ．

実験では，$m = 0$ 番目の近傍や，逆に番号 m の相当大きい外側の円輪はぼんやりして読み取りにくいので避け，はっきり見える m 番目の円輪に

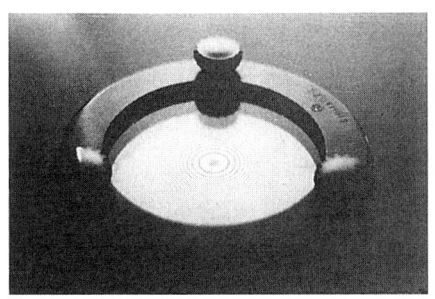 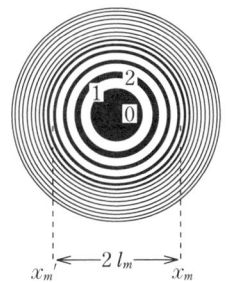

図 2.4 ニュートンリング
（左の写真は，小出昭一郎 著：「物理学（三訂版）」（裳華房）より転載）

24　2. 量子としての光

表 2.1 ニュートンリングの測定データ

m	x_m (cm)	$x_m{}'$ (cm)	l_m (cm)	$l_m{}^2$ (cm^2)
5	4.35×10^{-1}	1.90×10^{-1}	1.225×10^{-1}	1.500×10^{-2}
6	4.50	1.77	1.365	1.863
7	4.62	1.67	1.475	2.175
8	4.74	1.56	1.590	2.528
9	4.82	1.46	1.680	2.822
10	4.89	1.35	1.770	3.313
11	4.93	1.27	1.830	3.348
12	5.09	1.19	1.980	3.920
13	5.15	1.13	2.010	4.040
14	5.24	1.05	2.095	4.389

（近畿大学理工学部物理学実験室 編：「物理学実験」（学術図書出版社）より転載）

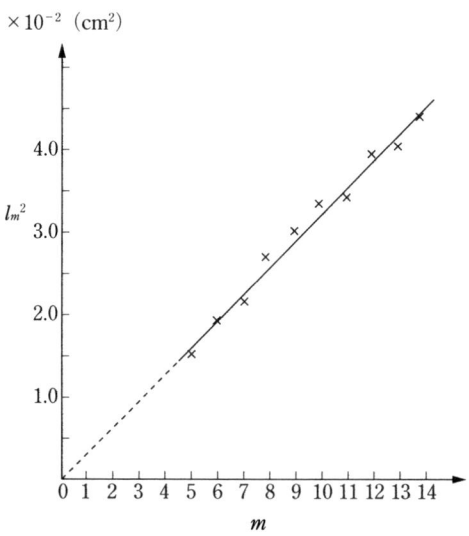

図 2.5 ニュートンリングの測定データのグラフ
（近畿大学理工学部物理学実験室 編：「物理学実験」（学術図書出版社）より転載）

ついてだけ x_m, x_m' を測定し，前頁のような表（表 2.1）をつくれば十分である．横軸を m，縦軸を l_m^2 としたグラフにすると，測定点のプロットはほぼ直線に乗ることがわかる（図 2.5）．その直線の傾きから，すぐに次式に従って曲率半径 R を算出することができる．

$$R = \frac{l_{n+m}^2 - l_n^2}{m\lambda} \tag{2.12}$$

（n 番目と $n+m$ 番目の暗輪の半径を l_n, l_{n+m} とすると，R は式 (2.12) で表せるが，$(l_{n+m}^2 - l_n^2)/m$ の値はグラフから求めた直線の傾きを代入すればよいことがわかる．）

もし，測定点であるプロットを平均的に結ぶ直線がほぼ原点を通るようであれば，最初に設置した際の凸レンズの置き方が上手くセットできていた（最も凸の部分がガラス面に接するように置けた）ことになる．切片がゼロに近い直線に乗ると，曲率半径 R の実験値も誤差が少なく，真値に近いものが得られる．

> **[Exercise 2.1]** 図 2.5 の実験データから，Na ランプの光の波長を $\lambda = 5893$ [Å] として，R の値を計算してみよ．

以上からわかるように，光の波動性に関しては，すでに私たちは数式を用いた説明に慣れているので，それを発展させて大学で学ぶ物理の内容に高めても，あまり抵抗なく進められる．実際，工学基礎科目となる物理実験のテーマとして登場するケースが多く，測定を通して理解することも容易なことがわかる．このようにして光の特性を整理しておこう．

§2.2 光の粒子性 －光電効果－

さて，この節では，光のもつもう 1 つの側面を見てみることにする．それ

は，光を波として捉えるのではなく，エネルギーの塊として，物質に作用する実体と見なければならない事実があるためである．

まず，事実として，「金属に光を当てると，金属は正の電気を帯びる」という現象がある．これは**光電効果**とよばれるものであるが，具体的に実験をしてみるには次のようにすればよい．

🔬 光電効果

[**実験**]　図 2.6 のように，金属（例：Al）に光を照射すると金属の表面から電子が飛び出す，というものである．飛び出した電子は運動エネルギーをもっていることになり，その原因が光照射なので，"光電子"とよばれる．これが，有名な「光電効果」の実験である．

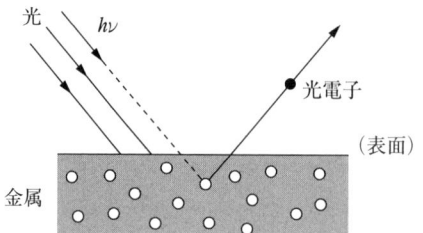

図 2.6　光電効果

この事実を，もし「古典論」（光は波の性質だけをもっているもの，と考える古典力学での捉え方）で説明すると，どのようになるであろうか？

古典論　光をあくまで電磁波として，波動性しかもっていないものと解釈すると，どのようなことが予想されるか推察しよう．この場合，電磁気学で習ったように，光がもたらす電場が，金属中の電子に力を作用してエネルギーを与えたことになる．そうすると，

$$\text{光の強さ} \propto \{\text{(電場の)振幅 } u\}^2$$

となるので，予想される事柄は次のようになるであろう．

"もし，当てる光の強さを大きくしていくと，出てくる電子の運動エネルギーもどんどん大きくなるはずである．なぜなら，電子の運動エネルギーは

$E=(1/2)ku^2$ と書けるから連続量で与えられることになり，どのような数値でも出せることになるからである．"

ところが，事実はちょっと困った結果になったのである．

飛び出した電子の運動エネルギー　∝　照射した光の振動数 ν

となって，決して，

電子の運動エネルギー　∝　光の強さ

とはならなかったのである．

それでは，「光の強さ」に比例するものとは一体何なのであろうか？ 実は，

光の強さ　∝　単位時間に飛び出す電子の数

という結果になったのである．

これが事実だとすれば，どのように考えるとよいのだろうか．

量子論　そこで，もし光を，1個1個が特定のエネルギーあるいは運動量をもった粒子の集まりから成る集団と見なせばどうなるであろうか？ "粒子" なら，エネルギーをもつ（1個の粒子当たりの小さなエネルギーを ε とし，振動数 ν に比例するとして，$\varepsilon \propto \nu$ で表せるものとする）のは自然なことなので，上記の実験事実は納得がいく．そして，この比例定数がプランク定数 h になる（$\varepsilon = h\nu$）ことを，すぐ後で示すことにしよう．

この1個の "粒子" と見なせる量子のことを，光の場合，**光子**（フォトン，photon）とよぶが，このことが，光には "波動性" と同時に "粒子性" があることを認めざるをえなくなった事実である．

ここで，数式を使って，もう少し丁寧に解釈してみよう．

光（振動数 ν）のもつエネルギー E は，1個1個の "光子" の集合体として，

$$E = n \cdot h\nu \quad (n：光子の数，正整数) \tag{2.13}$$

と書くことができるとする．そうすると，この節で述べた「光電効果」の実験では，光子が何個も金属に降り注いだことになり，その中には，たまたま金属中の電子（こちらも粒子であり，金属中にはたくさん存在する）のどれ

かに衝突し，散乱された光子が出てくることになる．つまり，両者とも粒子なので「電子と光子の衝突問題」となって，力学の考え方で説明できるのである．

次に，「光電効果」に特有の，非常に興味深い実験事実を挙げておこう．

照射した光が，ある振動数以下の場合は，いくら光の強さを強くしても，決して電子は出て来なかったのである．つまり，電子が外へ飛び出すためには，ある値以上のエネルギー（あるいは振動数）が必要だったのである．

ここで注意しておくべき事柄は，日常用語ではつい，「光が強い」ということと「光のエネルギーが大きい」ということを混同して，全く同じ意味だと思い込んで使っているふしがあるが，量子論ではきちんと区別してかかる必要があるということである．そのためには，数式を用いて記述すると間違いがなく，また楽な手段でもある．

式 (2.13) で見ると，「光が強い」ということは，光子の数 n が大きいということであるが，「光のエネルギー E が大きい」ということは，n が大きい場合もあるが，仮に n が小さくても光の種類を変えて振動数 ν を大きくすれば桁はずれに大きな値を得ることもできるので，その違いは納得できるであろう．1 粒子当たりのエネルギー ε が振動数 ν で書けるからである．

さて，照射された光子の集団は，金属中の他の電子やイオンにもエネルギーを与えるので，元々もっていた光子のエネルギーは次のように使い分けられることになる．

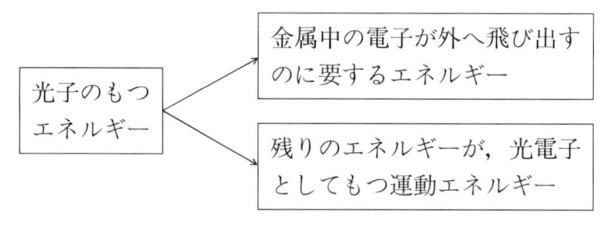

光子のもつエネルギー → 金属中の電子が外へ飛び出すのに要するエネルギー
光子のもつエネルギー → 残りのエネルギーが，光電子としてもつ運動エネルギー

この様子をグラフで示すと一目瞭然である．図 2.7 の横軸は当てた光の振

動数 ν，縦軸は光電子の運動エネルギー（厳密にいうと，その最大値）$(1/2)mv^2$ を示している．$\nu > \nu_0$ となって初めて，光電子が飛び出したことが観測にかかることがわかる．実験データはこのように比例関係を示す直線に乗るが，その傾きを h とおく．縦軸の負の領域まで直線を延長し，切片を $-W$ とすると，

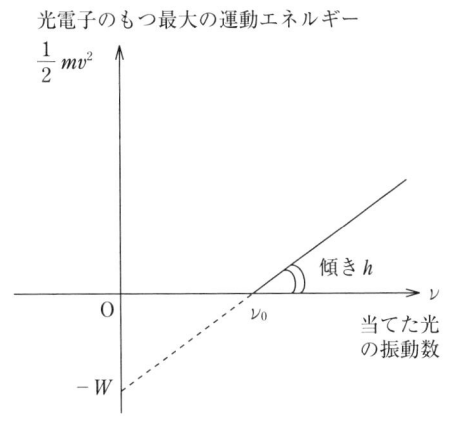

図 2.7 光電効果の実験結果のグラフ

次のような $y = ax + b$ の形の関係式が成り立っている．**プランク定数 h** の値は，この直線の傾きとして求められるのである．

$$\frac{1}{2}mv^2 = h\nu - W \tag{2.14}$$

そして，実験の結果から

$$h = 6.6262 \times 10^{-34} \text{ [J·s]}$$

の値が得られた．これが量子力学を学んだときに初めて登場する，プランク定数 h であるが，自然界を説明する「物理」というジャンルにおいて，三種の神器ともいうべき物理量 (e, c, h) がここで揃ったことになる．なお，h は 2π で割った値，

$$\hbar = \frac{h}{2\pi} = 1.0546 \times 10^{-34} \text{ [J·s]}$$

として用いることも多い．読み方は，エイチ・バー（aitch bar）である．

式 (2.14) で W は**仕事関数**とよばれる量（$W = h\nu_0$）で，金属の種類によって異なる特有の値をもつ．代表的なものを覚えておくと便利で，タングステン（元素記号 W）の場合 4.5 eV，ニッケル（Ni）では 5.0 eV である．

式 (2.14) に $W = h\nu_0$ を代入して，

$$\frac{1}{2}mv^2 = h(\nu - \nu_0) \tag{2.15}$$

と書くと，$\nu > \nu_0$ でしか光電子が出て来ないことが数式からも自明である．逆に $\nu < \nu_0$ の領域は，電子が外へ飛び出す前の状態，つまり金属中で準備している段階に相当するのである．

さて，本章では，光が粒子の性質をもち，その1粒子分である光子（$\varepsilon = h\nu$）の振舞いを考えないといけない実験事実を見てきたが，私たちに身近な日常生活の中でも，$\varepsilon = h\nu$ の事実を確認できる例がある．

① 皮膚の日焼け
② 写真フィルムの感光
③ 遠い星からの光を目に感じる

①と②は，光電子放出と同様，ある値以上の ν をもつ光でのみ起こる現象である．これまでも折にふれ話題にしてきたが，ν の大きい紫外線では日焼け（皮膚の化学反応）を起こすが，ν の小さい赤外線では日焼けは起きない（赤外線コタツでは，やけどはするが日焼けはしない）．なお，紫外線も赤外線も人間の目には見えないが，それは可視光の領域の外側にあるからである．

また，③は逆説的に考えると，もし星が光の強さによって遠くまで輝きを届けているのなら，何万光年という恐ろしく離れた星の光なんて目に見えるはずがないからである．

§2.3　光の粒子性 －コンプトン効果－

最後にもう1つ，光電効果と並んで，光の粒子性を物語る実験的証拠について見てみる．それは，**コンプトン**（Compton）**効果**とよばれるものであ

§2.3 光の粒子性　31

る．意外にも，高校で学ぶ物理の教科書にすでに載っていることが多いので驚くが，まず事実から見てみよう．

コンプトン効果

X線を物質に照射すると散乱X線が出てくるが，そこには元のX線と同じ波長のものと，元より長い波長（小さい振動数）のものしか含まれない，という実験事実が得られている．

模式的な図2.8において，この実験の様子を示しているが，入射するX線の波長をλ_0とし，散乱X線の波長をλ，散乱角をϕとする．X線を構成しているのは光子であり，一方，物質中には多くの電子が存在するので，光子は電子と衝突することが予想される．この衝突問題において，力学で要求されるエネルギー保存則や運動量保存則が成り立つことは容易に想像される．

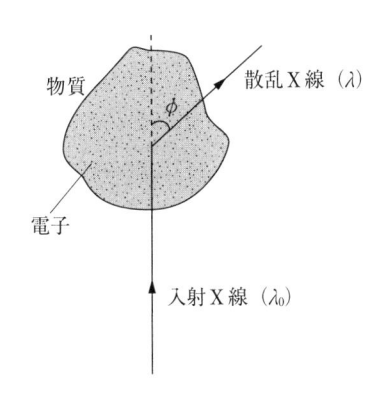

図 2.8　コンプトン効果の実験（概念図）

粒子は散乱されるとエネルギーの一部を失うので，$\varepsilon = h\nu$の式を思い浮かべると，νは元のものより小さくなり，逆にλは大きくなることがわかる．つまり，長波長のものが出て来ることは説明できるが，短波長のものは絶対に出て来ないことになる．元と同じ波長のX線が出て来たのは，電子と衝突しなかった光子が存在しているからである．このときの保存則を式で表し，散乱X線と入射X線の波長の差を求めると，

$$\Delta\lambda = \lambda - \lambda_0$$
$$= \frac{h}{m_0 c}(1 - \cos\phi) \qquad (2.16)$$

の関係式が導かれる．m_0 は物理の教科書にならい，電子の静止質量である．$\cos\phi \leqq 1$ であるから必ず $\Delta\lambda \geqq 0$ となり，先に述べた実験事実が正しいことが証明できた．

[**Exercise 2.2**] 式 (2.16) の右辺を導いてみよ．

[**Exercise 2.1**] の解答

グラフから読み取り,
$$\frac{I_{n+m}^2 - I_n^2}{m} = 0.33 \times 10^{-2} \ [\text{cm}^2]$$
$$R = \frac{0.33 \times 10^{-2} \ [\text{cm}^2]}{5893 \times 10^{-8} \ [\text{cm}]} = 56 \ [\text{cm}]$$

[**Exercise 2.2**] の解答

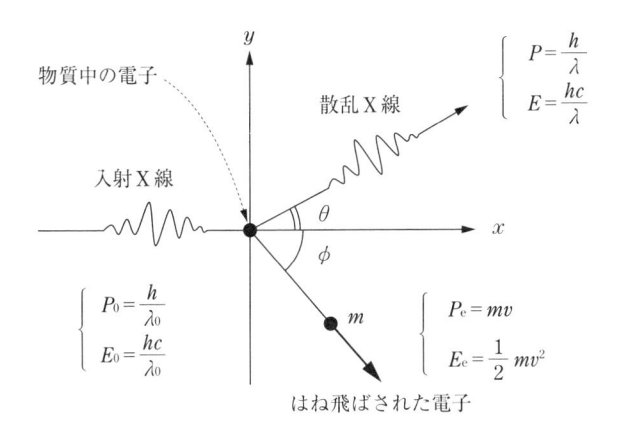

運動量保存則より
$$\frac{h}{\lambda_0} = \frac{h}{\lambda}\cos\theta + mv\cos\phi \quad (x\,\text{方向}) \tag{1}$$
$$0 = \frac{h}{\lambda}\sin\theta - mv\sin\phi \quad (y\,\text{方向}) \tag{2}$$

エネルギー保存則より
$$\frac{hc}{\lambda_0} = \frac{hc}{\lambda} + \frac{1}{2}mv^2 \tag{3}$$

(1) と (2) から, $\sin^2\phi + \cos^2\phi = 1$ を使って ϕ を消去し, (3) と一緒にして v を消去する. $\lambda \simeq \lambda_0$ のとき, $\lambda/\lambda_0 + \lambda_0/\lambda \simeq 2$ が成り立つので,
$$\lambda - \lambda_0 = \frac{h}{mc}(1 - \cos\theta)$$

を得る.

3. 量子の確率的挙動

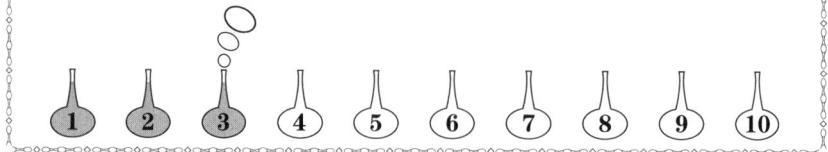

前章までで見てきたように，電子にも光（光子）にも粒子性と波動性の両方があるという"量子"のもつ二重性を認めた上で，本章では，どのような特徴的振舞いが観測されるのか，一歩踏み込んだ事実を考察することにしよう．

§3.1 電子と光の粒子性・波動性

電子は元々，その名称に"子"が付くことからもわかるように，最初から"粒子"であることを認めた上で，いろいろな物理の話が進められてきた．第1章では，予め知っている電子についての知識は使ってきたが，第2章で光（光子）についてしっかり学習したのを踏まえて，ここでもう一度確認しておこう．

まず，電子が見つかったのは，よく知られた「陰極線の実験」からであるが，物理の教科書にも載っているので，おなじみであろう．

図3.1は，トムソン（J. J. Thomson）の実験装置として知られたものである．この陰極線管から負の電気を帯びた粒子が観測され，この粒子を電子（electron）と命名したことから古典物理の歴史が始まっている．

電子の質量 m は（静止質量 m_0 に等しいとして），

$$m = 9.1094 \times 10^{-31} \, [\mathrm{kg}]$$

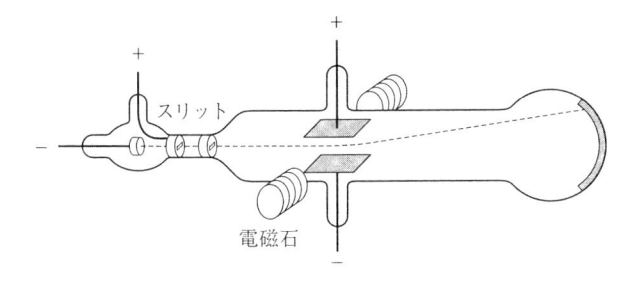

図 3.1 トムソンの実験

で，その電気量 $-e$ は，
$$-e = -1.6022 \times 10^{-19} \text{ [C]}$$
の値が得られている．このように質量と電気量をもつ電子は，古典的な粒子としての描像をもっていると考えて差し支えない．

以上の確認と第 2 章までの詳細な考察を総合して，電子と光の両方について粒子性と波動性を有することが納得できたので，これまでにわかったことを整理すると次の表 3.1 のようになる．

表 3.1

類推される性質	光	電子
波動性	電磁波 ・ヤングの干渉実験 ・ニュートンリング ・回折	ド・ブロイ波 ・回折 ・ボーア半径の証明
粒子性	光子 ・光電効果 ・コンプトン効果	電子 ・トムソンによる陰極線の実験

[**Exercise 3.1**] この段階で，以下の問いにどの程度答えられるかを試してみよう．

36   3. 量子の確率的挙動

（1）"電子も光も，粒子性と波動性を合わせもつと考えるべきである."
このことを自分なりに説明せよ．ただし，次の条件を盛り込んで答えよ．

・実験的証拠を述べよ．

・数式を用いて説明せよ．

（2）「なぜ物質は有限な大きさを保って安定に存在しているのか？」の問いに，量子論の必要性から答えよ．（熱力学的な意味での安定性や，電気的に中性を保とうとする安定性の証明もあるが，ここでは問わないことにする．）

なお，この問いは，"不確定性原理"（あるいは，"不確定性関係"）とはどのようなことか，と尋ねるのと同じ設問になるが，この用語の深い意味は後の第4章で学ぶので，第2章までを理解した段階で用意できる答えを述べよ．

§3.2 量子における粒子性・波動性の共存

第2章で見てきたように，光は光子という一粒一粒の粒子が集団になったものの流れだと解釈できるが，その考え方をもとにして，次に示す図3.2のような実験を考えてみる．光の2重スリットの実験である．

2つのスリットA，Bを通った光は，スリットの裏側で重なり合って干渉縞を生み出す．これはすでに§2.1で出てきた"ヤングの実験"としてよく知られ

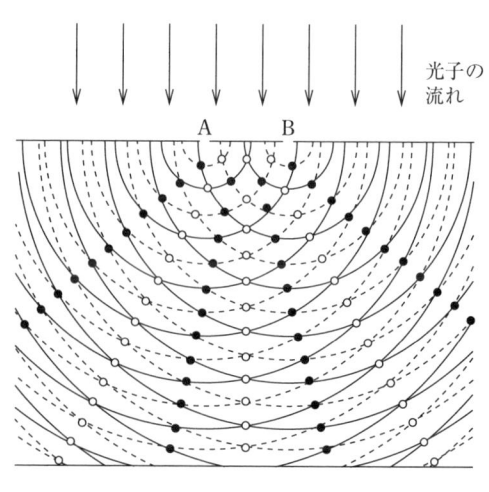

図 3.2 光の2重スリットの実験

たものであるが，さらに詳しく考察してみよう．

　光を"波動"として見ると，Aのスリットを通った光（波）とBのスリットを通った光（波）は，互いに作用し合って干渉する，と表現することができる．

　一方，光を"粒子"として見ると，Aのスリットを通った光子とBのスリットを通った光子は衝突・散乱という相互作用をすることになるが，この考えでは干渉縞は生じてこない．なぜなら，光を十分弱くする（つまり，光子が1個ずつ，時々スリットを通る程度の数にする）と，相互作用する相手の光子がいなくなるので，干渉が起こらなくなるからである．

　そこで，以下のような2種類の実験を試したところ，意外な結果が得られた．

① 弱い光（例えば，0.01秒に数個の光子がスリットを通る程度とする）の場合でも，回折して見られる光の分布は強い光のときと全く同じであった．回折模様は，光子の発見される位置の分布，つまり確率分布であり，スリットの裏へ回り込んで散らばったものがぼんやりと観測される（図3.3）．このことは，光子が検出される位置が"不確定"であることを意味する．

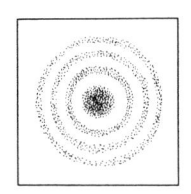

図 3.3 回折模様のイメージ（光子が衝立の丸い穴を通った場合の例．回折を起こし，散らばった分布として観測される．もし回折がなければ，中央の1点に集まる．）

② Aのスリットを確かに通った光子（Bのスリットを閉じておけば間違いなく実現される）の発見される確率分布は，すなわちAによる回折模様である．同様に，Bのスリットを確かに通った光子（Aのスリットを閉じておいて実現させる）の発見される確率分布は，すなわちBによる回折模様である．これら別々の回折模様を足し合わ

38   3. 量子の確率的挙動

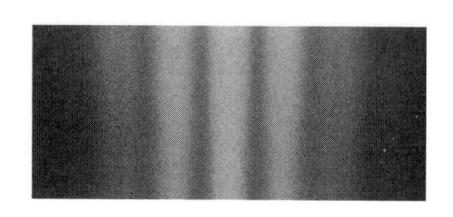

図 3.4 電灯の光による干渉（「高等学校 改訂 新物理I」
（第一学習社，平成19年発行）より転載）

せても，別段驚くものは出てこない．

　しかし，A，Bのスリットを両方とも開いておけば，当然，干渉縞（図3.4）ができるのである．干渉縞が，片方ずつから求めた2つの回折模様を少しずらせて"足し合わせた"ものとは全く別物であることを，もう一度確認しておきたい．

　さて，これらの実験事実から何を学べたであろうか？　深い意味がありそうである．つまり，

　　「1個の光子がどちらのスリットを通ったかは"不確定"であり，
　　確率でしか予言できない」

というのが自然界における事実となるのである．

　しかし，いくら事実はこうだといわれても，簡単には納得しにくい内容であろう．そこで，次の4通りの2重スリットの実験図（図3.5～図3.8）を示し，粒子性と波動性の違い，および量子の世界で繰り広げられる謎に迫ってみよう．

　（1）　図3.5の実験は，パチンコ玉，野球のボール，ピンポン球といった日常目にする粒子性をもつもの（明らかに，粒子である物体）を対象にしたものである．壁にS_1，S_2の2つの穴を開け，左から玉を発射したとき，穴を通り抜けた後，玉止めのどの個所に到達したかを検出器で測り，分布をとった結果である．どの玉もS_1，S_2のどちらかの穴を通って出て来たのは

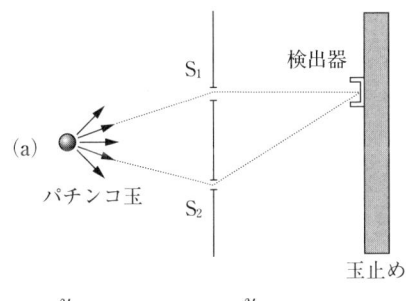

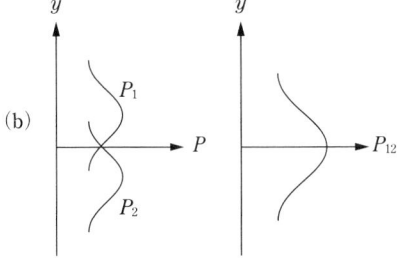

§3.2 量子における粒子性・波動性の共存　39

図 3.5 パチンコ玉に対する2重スリットの実験（粒子性）
(a) 実験装置の略図
(b) 玉止めに到達した確率の分布

確かなので，S_1 の穴を通った玉の分布 P_1 と S_2 の穴を通った玉の分布 P_2 の和をつくると，その平均値がそのまま両方の穴を開けた場合の分布 P_{12} に一致することになる．

式で表すと，

$$P_{12} = \frac{1}{2}(P_1 + P_2) \tag{3.1}$$

となり，これはよく知られた確率分布の式である．P_{12} は1個ずつの塊の足し算なので整数倍となり，もちろん干渉など起こらない．これが古典的な粒子の場合の実験結果である．

（2）図 3.6 の実験は，静かな水面に小石を落としたときの波動の様子で，四方八方へ等方的に広がっているが，壁に開けた S_1，S_2 の2つの穴を通った際には2つのそれぞれの波動が重なり合うので，波止めのどこで検出されたかを測定し，分布をつくってみた結果である．片方ずつの穴を通った場合の波の強度について，個々に測定した結果をそれぞれ I_1, I_2 とすると，

40　3. 量子の確率的挙動

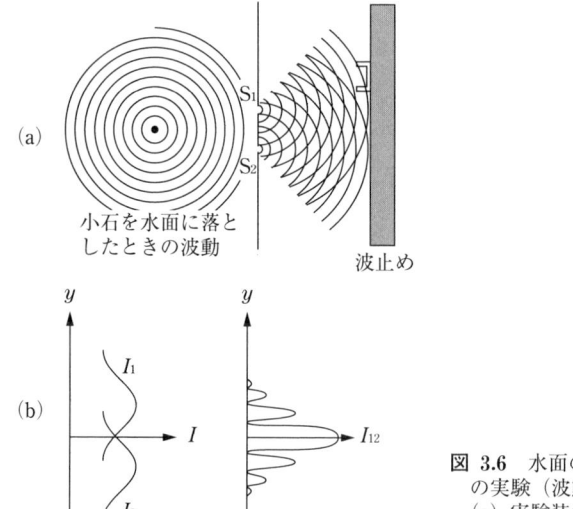

図 3.6 水面の波動に対する 2 重スリットの実験（波動性）
(a) 実験装置の略図
(b) 波動の強度の分布

両方の穴を開けた場合の強度 I_{12} には干渉が現れるので，式 (2.10) で見たように，単なる足し算（全体の量を同一に保つ場合は平均値に相当する）とは明らかに異なる．

式で表すと，

$$I_{12} \neq I_1 + I_2 \tag{3.2}$$

となる．これが古典的な波動の場合の実験結果である．

（3）さて，今度は図 3.7 に見るように，粒子の中でもミクロな世界の粒子，すなわち波動性を併せもつ粒子（量子）の例として，電子の場合に行なった実験を考える．これは，上記の（1）と（2）の合作となる実験といえる．

金属板 S_1，S_2 の穴をどちらかだけ開けたときに，吸収板の検出器で捕えられた電子の分布 P_1，P_2 と両方を開けたときの分布 P_{12} との間には，単なる足し算（全粒子数を一定とする場合は平均値）は成立せず，式で表すと次のようになった．

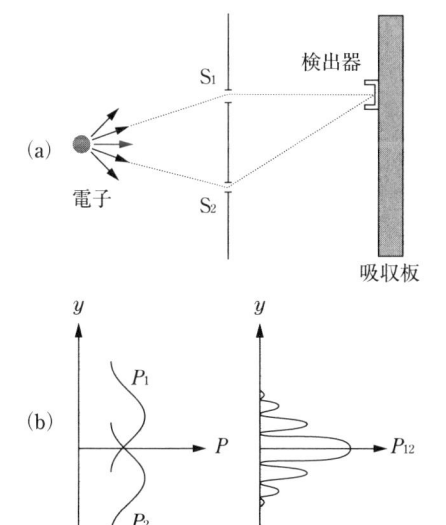

§3.2 量子における粒子性・波動性の共存　41

図 3.7 電子に対する2重スリットの実験（自然な場合）
(a) 実験装置の略図
(b) 電子が吸収板に到達する確率の分布

$$P_{12} \neq \frac{1}{2}(P_1 + P_2) \tag{3.3}$$

これは，電子が1個ずつの塊であるという粒子性をもつと同時に，ド・ブロイ波とよばれる波動性ももつために干渉を起こした結果である．波動を表す関数を ψ で表すと，式 (2.8) より

$$P_{12} = |\psi|^2 = |\psi_1 + \psi_2|^2 \tag{3.4}$$

となるため，右辺の2乗の"たすき掛け"の項から干渉が出ることは，第2章で見た通りである．

（4）図3.8は，(3) と同じく電子（量子）の実験であるが，(3) と異なるのは，金属板に開けた穴 S_1, S_2 のうち，どちらを通ったかを測定する操作を介入させて，結果的に吸収板で検出される確率を測定する，という実験に直した点である．

具体的には，金属板の後ろに検出器を設置して，電子が S_1 の穴を通ったときには S_1 の後ろで記録がとれるようにし，同様に S_2 の穴を通ったときも

42　3. 量子の確率的挙動

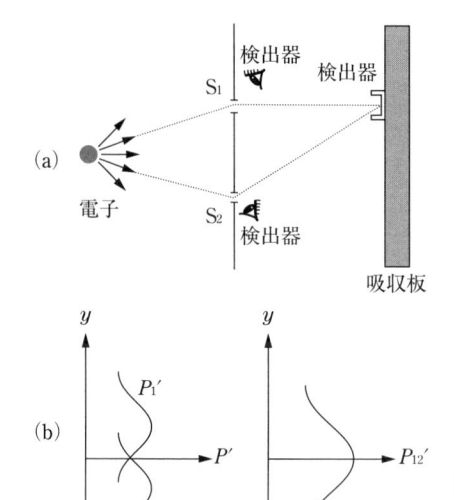

図 3.8 電子に対する 2 重スリットの実験（人為的な場合）
(a) 実験装置の略図
(b) 電子が吸収板に到達する確率の分布

S_2 の後ろで記録がとれるように，人為的なひと手間を加えたものである．つまり，電子の通り道が S_1 か S_2 かを観察する操作を加えただけであるが，その確認実験を入れた途端に，波動性の証拠である干渉が消えてしまい，単なる粒子性のみの確率分布が検出された，という大変ショッキングな実験結果である．

これを式で表すと，

$$P_{12}' = \frac{1}{2}(P_1' + P_2') \tag{3.1}'$$

となり，干渉のない確率分布になってしまったというものである．

ちなみに，もし，金属板のところで，電子がどちらの穴を通ったかを見届ける測定を止めたら，あるいは測定を試みたものの失敗して測れなかったとしたら，その場合には（3）の実験結果に戻り，しっかり干渉が現れる，つまり波動性を示すのである．

なんとも不思議な自然界の姿である．このことをもう少し正確に表現する

と，次のようになる．

電子がどちらの穴を通ったかの位置の確認がされたら，

$$P_{12}' = \frac{1}{2}(P_1' + P_2') \quad (干渉なし) \tag{3.1}'$$

位置の確認がされなかったら，

$$P_{12} \neq \frac{1}{2}(P_1 + P_2) \quad (干渉あり) \tag{3.3}$$

と整理できる．

つまり，観測している物体が"量子"の場合は，古典的な感覚ではあり得なかったはずの，「位置の観測と，本来の運動の様子」との間に特異な"せめぎ合い"とでもいうような抜き差しならない関係が存在するのである．このように驚きの事象が見つかったことになるが，このことが，次の第4章で詳しく扱うことになる，量子に特有の原理である．それは，"自然界の摂理"を示す量子の原理，すなわち「不確定性原理」とよばれる事象になるのであるが，日常生活では経験しない原理なだけに，準備のためにもう少し量子の性質について丁寧に見ておくことにしよう．

§3.3 量子の存在確率

大学に入学するまでに習ってきた物理では，日常生活で目にする巨視的物体を対象にしている場合がほとんどなので，"古典物理"の世界と称し，運動している物体の"位置"rと"速度"v（あるいは"運動量"$p = mv$）の両方の物理量について，極めて正確に測定することができる（少なくとも，できると思っている）世界である．もし正確さに不満があっても，測定装置の感度を良くすれば，より正確に測れるはずだし，測れること自体に何も疑問は感じていない．

しかし，微視的物体を扱う"量子物理"の世界ではどうであろうか？

3. 量子の確率的挙動

"位置"と"運動量"（あるいは"速度"）の両方とも，極めて正確に測定できるのであろうか？ それとも，如何に測定装置の感度を良くしても，正確さにおのずと限界があるのだろうか？

ここで，古典物理で対象とする普通の粒子の候補として，パチンコ玉，野球のボール，ビリヤードの球などを例に思い浮かべて，それらの運動の様子を考えてみよう．私たちがこれまで勉強してきた**ニュートン力学**では，球の描く軌跡を追うことができるが，その形が放物線であろうと，ほぼ直線と見なせる場合であろうと，球に当たって反射した光を眼で受け続けているため，軌跡の一部がわかれば，残りの軌道も予測できたのである．

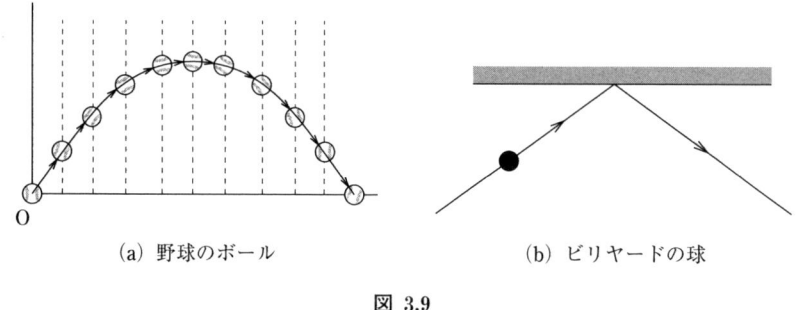

(a) 野球のボール　　　(b) ビリヤードの球

図 3.9

では，一方，量子物理で対象とする粒子の例，例えば電子の場合には同じことが言えないのだろうか？

先の第2章で見た，2重スリットの実験を思い出してみよう．もし，電子がどちらのスリットを通ったのかを正確に突き止めたいとする．つまり，電子の"位置を正確に決めよう"とすると，どうすることになるのかを考えてみる．

測定方法としては，電子に光を当てて，その反射光を測定することになる．詳しい測り方は，電子が1のスリットを通過するときはスリット1の後ろで閃光が観測されるようにしておき，同様に，電子が2のスリットを通過

するときはスリット2の後ろで閃光が観測できるようにし，半分ずつの閃光はないものとする．

　ここで，"光を当てる"とは，物体を観測するための手段であり，光子というエネルギーの塊が物体からはね返されることによって，観測が成功するのである．いくらそっと測ったつもりでも，「観測にかかった」ということは，相手の電子に何らかのダメージを与えた証拠だから，測定できた時点で，電子には本来の運動に別のエネルギーが加わって運動量が変わってしまっている．その結果として干渉が消えたということは，電子は元々もっていた量子の性質を隠し，古典粒子の描像しか示さなかったことになる．まるで，ご機嫌を損ねてしまったかのように，電子は量子として振舞うことをやめた結果になる．

　もう少し物理的な記述をしてみよう．日常の世界で目にする（目に見える大きさの）粒子（球とする）の場合は，球に観測手段としての光を当てても，球の本来の運動を乱すことにはならないから何も心配することなく，意のままに観測を成功させていたことになる．光の構成要素である"1個ずつの光子のエネルギー"の大きさは，測定対象の球の運動エネルギーよりもはるかに小さいために，測定したところで（球に光子が当たっても），感知できるほどの乱れを球に及ぼす心配はないのである．

　それに引きかえ，桁外れに小さい粒子（例えば，電子）を対象とするミクロな世界では，電子（質量 m が非常に小さい）は**鋭敏な量子物体**であるため，光子を当てて位置測定などをしようとするものなら，電子は激しく揺動されてしまい，運動自体が乱されてしまう．その結果として，干渉パターンが消えてしまうという理屈である．このことを，「運動量に大きな不確定性をもたらす」という表現をするのである．

　したがって，光を消すと電子は光子に見つからずに済むので，衝突・散乱の力学は適用されずに本来の運動を続けられ，

$$P_{12} \neq \frac{1}{2}(P_1 + P_2): \quad 干渉あり（波動性を有する） \qquad (3.3)$$

が成り立つのに対し，光を当てて電子の位置を測る（電子が光子に見つかって，衝突・散乱問題が適用される）と，

$$P_{12}' = \frac{1}{2}(P_1' + P_2'): \quad 干渉なし（粒子性のみ） \qquad (3.1)'$$

の関係になってしまうのである．

それならば，どのあたりまで譲歩したら（精度が少し悪くなるかもしれないが），量子の本性を壊さない範囲で観測も可能になるのかが知りたいところなので，その限界を調べてみることにしよう．

[思考実験] 観測するための光を少しずつ弱くしてみると，毎秒当たりにやってくる光子数を少なくすることができる．

そうすると，光が強いときと違って，たまに電子は光子に見つからずにすり抜けるものが出てくるであろう．さらに光を弱くすると，大抵の電子が光子に見つからずに，すり抜ける事態になるであろう．

このとき，見えた（観測にかかった）電子は P_{12}' に従い，見えなかった（観測にかからなかった）電子は P_{12} に従うと解釈すると，どちらだったかの割合は確率で決まることになる．

したがって，観測にかかるぎりぎりのところで我慢し，「この程度の位置測定の実験結果しか得られないが仕方ない，さもなければ運動量の測定に責任がもてなくなる」と，譲歩せざるを得ないラインがあるものと想像がつくであろう．

以上をまとめると，"量子は粒子でもあるが確かに波動でもある"という，量子の実態を保っておくためには，

「どちらのスリットを通ったかという"位置"の測定を，**ある程度の誤差**を含んだままで妥協せよ．そうでないと，運動量の誤差の方がもっと収拾のつかないことになるから．」

と教えられたことになる．

このことは，さらに，「"位置"と"運動量"の両方とも極めて正確に測定することは不可能である」ことに繋がり，いずれの物理量も，ある程度の妥

協点に納める必要があることになる．

　これが，量子力学で最も難しいと感じられる概念で，**ハイゼンベルク**（Heisenberg）**の不確定性原理**とよばれるものである．自然界の哲学（見事な節理）を言い表したものであるが，本章を終えた段階でそれを理解する準備ができているので，次章でその真髄を見ていくことにする．

🔑　ハイゼンベルクの不確定性原理

4. 不確定性関係

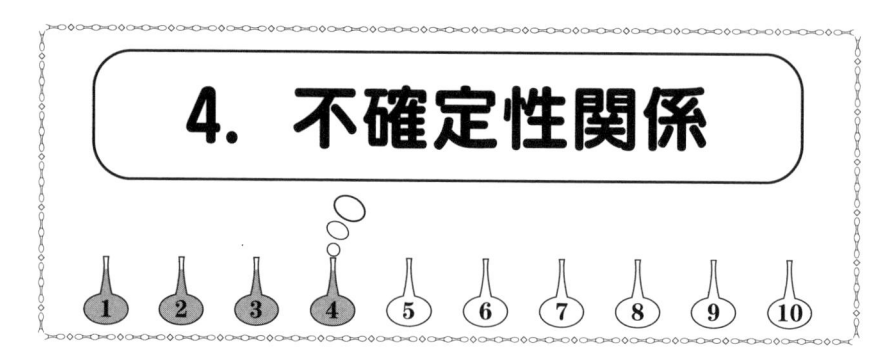

本章では，第3章で「不確定性原理」という自然界の掟に導かれたことについて，さらに詳細を理解するために，数式を用いた説明をすることにしよう．

§4.1 位置と運動量の不確定性関係

まず，図 4.1 のように光が左の方から入射したとき，スリットを通る時点で，光子の y 方向の位置はある値 y_0 に制約される．しかし，スリットの幅 d を無限小にすることは不可能なので，位置座標 y は，y_0 を最確値（何回も測定したときの平均値）として $\pm d/2$ だけの誤差を含むので，$y = y_0 \pm$

図 4.1

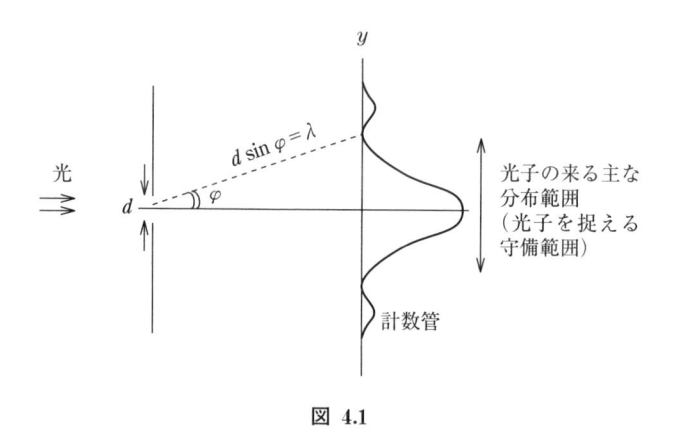

$d/2$ と書けることになる．つまり，y 座標の値には，どうしても防ぐことのできない不確定さが

$$\Delta y = d \tag{4.1}$$

だけ含まれる．

一方，スリットを通過した後の光子の運動に目をやると，光子の運動量 p は，

$$p = \frac{h\nu}{c} = \frac{h}{\lambda} \tag{4.2}$$

と表すことができるので，y 方向の運動量に限ると，

$$p_y = \frac{h}{\lambda} \sin\varphi \tag{4.3}$$

と書いてよい．

ここで，光子がどの計数管に入るか（どこで捕まえられるかの守備範囲）という確率分布を求めることにする．光子のやって来る主な範囲を，図中の最初の大きな分布の終わる辺りまで（第1暗線ぐらいまで）と考えると，

$$d \sin\varphi = \lambda \tag{4.4}$$

の関係式が成り立つので，

$$\sin\varphi = \frac{\lambda}{d} \tag{4.5}$$

と変形して式 (4.3) を書き直すと，光子の運動量の y 成分の不確定さ（誤差）として

$$\Delta p_y = \frac{h}{d} \tag{4.6}$$

が得られる．つまり，運動量には最低でも h/d だけのあいまいさが残ることになるのである．

したがって，最初に確認した式 (4.1) と，いま得られた式 (4.6)（いずれも最小限で見積もった誤差）とから，次の関係式が自然に求められることになる．

$$\Delta y \cdot \Delta p_y \gtrsim h \tag{4.7}$$

この式が，前章で定性的に理解した"不確定性原理"を表した関係式となる．

以上のように式の形で理解できたところで，別の見方をすると，次のように説明することもできる．

物体（**ミクロな粒子**）の運動を観測して，位置 x と運動量 p を測定したとしよう．いずれも真の値があるはずなので，それを x_0 と p_0 とする．実測値は当然のことながら誤差（**不確定さ**）を含んでいるので，それぞれの不確定さを Δx, Δp とすると，観測した値は次のように書ける．

$$\left.\begin{array}{l} x = x_0 + \Delta x \\ p = p_0 + \Delta p \end{array}\right\} \tag{4.8}$$

ここでいう不確定さとは，人間がたとえ精密に測定しようとして機械の精度を上げたとしても，あるいは実験誤差が入らぬよう慎重に測定したとしても，避けられない量として入る"あいまいさ"を意味する．自然界には，これ以上は"あらがえない"，どうしてもひとりでに含まれてしまう自然誤差というものがあって，そういう"容赦ない不確定さ"というものは，これ以上は無理をいえない限界があることを教えてくれるのである．

自然界がもつ，その最小の不確定さとは，位置と運動量との間で，

$$\Delta x \cdot \Delta p \simeq h \tag{4.9}$$

という関係をもつものである．

式（4.9）が意味することは，Δx をなるべく小さくしようと測定を試みると，今度は Δp が大きくなってしまう，また逆に Δp をなるべく小さくしようとした測定をすると，Δx の方が大きな誤差となって現れてしまう，というものである．つまり，Δx も Δp も同時に極めて小さくしたい，そして可能ならば，どちらの誤差もゼロにしたい，と欲張っても不可能で，これ以上は踏み込めないという限界があることになる．

このことは数学的に式（4.9）を見ると明らかで，2つの値の積が h とい

う有限な量になるのだから，もし片方をゼロにしようとしたら，もう片方は無限大になってしまうため，無理強いできないことがわかる．

y, z方向についても同様なので，ここで**不確定性関係**の式をまとめておくと，位置と運動量との間には次の関係式が成り立っている．

$$\left. \begin{array}{l} \Delta x \cdot \Delta p_x \gtrsim h \\ \Delta y \cdot \Delta p_y \gtrsim h \\ \Delta z \cdot \Delta p_z \gtrsim h \end{array} \right\} \qquad (4.7)'$$

さて，右辺にあるhという量がどのようなものなのか，振り返ってみよう．§2.2の光電効果の実験において，hはプランク定数であり，値を見積もってある．大体の値として，

$$h = 6.6 \times 10^{-34} \, [\text{J} \cdot \text{s}]$$

と覚えておけばよいが，大変小さな値なので，日常生活で目にする物体（マクロな粒子，例えば，野球のボールや自動車，パチンコ玉など）の運動を扱うときには近似的に無視できる量である．

すなわち，$h \simeq 0$と見なせるようなマクロな世界では，不確定性原理などというミクロな世界の掟は，あっても事実上ないのと同然である．$h \neq 0$だからと別に気に止める必要はなく，ΔxもΔpも共にゼロを目指して，測定の誤差をできるだけ小さくしようと努力しても，何ら困る事態には遭遇しないのである．だから，どちらの誤差もゼロにできると思っていても，疑問を感じることがなかったわけである．

§4.2 粒子像と波動像の相補性

"不確定性原理"は，以下のようにして理解することもできる．

（1）細かい粒子の位置をできるだけ正確に決めたい（$\Delta x \to 0$）とする．そうすると，測定手段として使うのは短い波長の光になる．（広い意味で

光という言葉を用いるが，粒子と衝突させて位置を確認するための実験をする際，観測にかけるための手段という意味での光子を指す．）

次の図 4.2 を見てもらいたい．もし，(a) のような長波長の波を送ったとすると，大雑把な場所の違いしかわからず，細かい粒子の位置を測定することが不可能なことは一目瞭然であろう．そこで，(b) のような短波長の波が測定手段となる．短波長，すなわち振動数が大きい（$\nu = c/\lambda$）波はエネルギー（$\varepsilon = h\nu$）が大きいことになるので，粒子の位置を正確に観測するには，運動量に大きな打撃を与えないと成功しないことになる．そうなると，折角，慎重に測定したいはずなのに運動量の値が変わってしまい，あいまいさを引きずり込むことになってしまう．

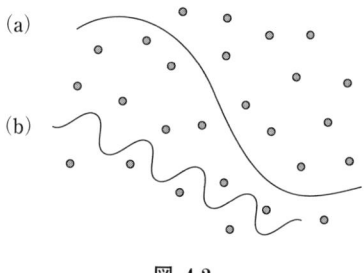

（2） 今度は，運動量をできるだけ正確に決めたい（$\Delta p \to 0$）とする．

そのためには，測定に際し，対象物に与える打撃をなるべく小さいままで実験を済ませる必要がある．つまり，エネルギー（$\varepsilon = h\nu$）の小さい（すなわち波長 λ の大きい）長波長の波 (a) を送って，そっと測定することになる．観測がそっと行なわれるほど，位置の測定は大雑把な測り方でいい加減なものになってしまうことが想像できるであろう．よって，位置の不確定さが大きくなってしまうのである．

このように，（1）と（2）の実験を想像してみればわかるように，位置と運動量という，力学で運動を語るときに重要な 2 大要素となる物理量の間には，抜き差しならぬ関係（足の引っ張り合い）があることを認めなくてはいけない．これは日常生活で目にする大きな粒子の場合には無視できていた関係であるが，微小な精度を問題にするミクロな世界では"無視できない常

§4.2 粒子像と波動像の相補性

識"とすべきなのである．

最後に，この「あちらを立てれば，こちらが立たず」とでもいうべき関係が，粒子性と波動性のどちらの描像をふまえるかの立場からすると，"粒子像と波動像の相補性"という観点に立っていることを証明しておく．

図 4.3 において，左から 1 個ずつ飛んで来る光子（運動量 p）が，スクリーン S_2 にある A，B どちらのスリットを抜けたのかを知りたいとしよう．2 つのスリット間の間隔を l として S_2 の裏側に電子を置いておき，光子と電子が衝突するときの電子の位置を測れるようにし，衝突直後に跳ね飛ばされた電子の位置をもう一度測ることで，A，B のどちらを通ったかを決定できるようにする．ただし，位置の不確定さ Δy（§4.1 で見たスリットの幅）が，スリット間隔の半分である $l/2$ より大きいか小さいかで現象が分かれ，測定そのものに疑問が生じる．すなわち，

$\Delta y > \dfrac{l}{2}$：　光子が A，B のどちらを通ったか不明

$\Delta y < \dfrac{l}{2}$：　A, B のどちらを通ったか区別できる（**粒子の描像**の確定）

という判別条件をつくることができる．

不確定性原理がミクロな世界の常識だとすると，光子と衝突後に測定した電子の y 方向の運動量 p_y には，Δy との間に不確定性関係の式，つまり

$$\Delta y \cdot \Delta p_y \gtrsim h \tag{4.7}$$

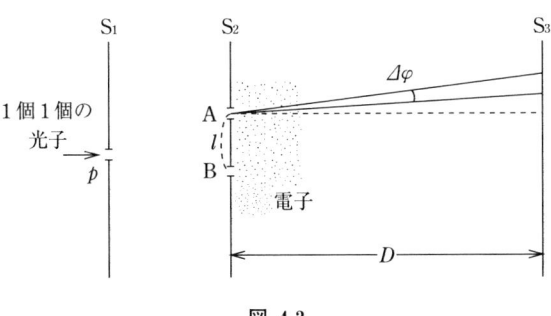

図 4.3

が成り立っていなければならない．

そこで，粒子の描像を追い求めると，光子の運動量の方は

$$\Delta p_y \gtrsim \frac{h}{l/2} \tag{4.10}$$

の誤差をもつことを余儀なくされてしまう．図 4.3 で光子が走る方向の不確定さ $\Delta\varphi$ が小さいときには，近似的に，$\Delta p_y = p\sin\Delta\varphi \simeq p\Delta\varphi$ としてよいので，式 (4.10) は

$$\Delta\varphi \gtrsim \frac{2h}{pl} = \frac{2\lambda}{l} \tag{4.11}$$

という関係式になり，光子が電子を跳ね飛ばして走った後，距離 D だけ離れたスクリーン S_3 上で観測される光子の座標の不確定さとしては，少なくとも

$$\frac{2\lambda D}{l}$$

だけの量が生じることになる．干渉縞の明線と暗線との間隔は $\lambda D/2l$ なので（図 2.2 で，明線同士，暗線同士の間隔は $(D/l)\lambda$ で与えられる），不確定さの方が大きくなり干渉縞は現れないという結果に陥ってしまう．つまり，波動の描像が壊れてしまう羽目になるのである．

逆に，**波動の描像**を保とうとすると，スクリーン S_3 上の光子の座標の不確定さを $2\lambda D/l$ より小さくする必要があり，今度は粒子の描像が壊れる結果（$\Delta y > l/2$），つまり光子が A，B のどちらを通ったのかが不明な事態を引き起こしてしまうのである．

このように，物体の"粒子像"と"波動像"とは互いに結び付いていて，切り離すことのできない関係にある．あたかも相手の描像の不十分なところを，もう一方の描像が補って成り立っているとでもいうような，"相補性"のあることがわかる．したがって，「不確定性原理」は，ミクロな世界における粒子が"粒子性と波動性を併せもつ"という量子の特徴と表裏一体を成している原理なのである．

§4.3 エネルギーと時間の不確定性関係

本章を終えるに当たり，§4.1 とは別のもう 1 つの不確定性関係の式を導いておく．

図 4.4 のように，γ 線顕微鏡なるものを用いて電子を γ 線で捉え，位置測定をしたとする．そのときの時刻を t とすると，位置の不確定さ $\varDelta x$ から，時刻にも $\varDelta t = \varDelta x / v_x$ だけの誤差が含まれることになる．ここで v_x は x 方向に動く速度とする．

一方，運動エネルギー E は，

$$E = \frac{1}{2m}(p_x^2 + p_y^2 + p_z^2) \quad (4.12)$$

と書ける．このエネルギー E に含まれる誤差を $\varDelta E$ とすると，

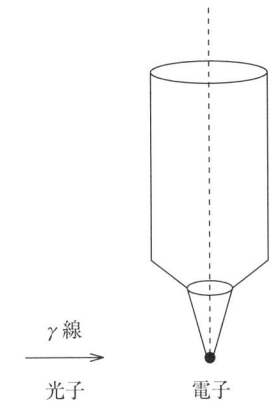

図 4.4 γ 線顕微鏡（概念図）

$$\varDelta E = \frac{\partial E}{\partial p_x} \cdot \varDelta p_x \quad (4.13)$$

と表せるので，式 (4.12) を用いると，

$$\varDelta E = \frac{p_x}{m} \cdot \varDelta p_x = v_x \cdot \varDelta p_x \quad (4.14)$$

となる．

ここで，先に学んだような"位置"と"運動量"の間の不確定性関係の式，すなわち $\varDelta x \cdot \varDelta p_x \gtrsim h$ が成り立つと，同様にして，エネルギーと時間の間にも，

$$\varDelta E \cdot \varDelta t \gtrsim h \quad (4.15)$$

という**不確定性関係**の式が成り立つことがわかる．

このことは，第 1 章で述べた 2 つのエネルギー準位，E_1 と E_j の間で遷移 $E_j - E_1$ が起こるとき，

$$h\nu = E_j - E_1 \tag{4.16}$$

の右辺において，E_j に ΔE_j 程度の不確定さがともなうことを意味する．つまり，ν には $\Delta E_j/h$ 程度の幅ができることになる．これが，スペクトル線のもつ"自然の幅"に他ならないのである．

[**Exercise 4.1**] 量子論（前半：第Ⅰ部）に対する Exercise として，以下の設問に取り組んでみよう．ここまで来れば，下記の問いにかなり的確な答を出せるであろう．（以前の章にも類似の Exercise があったが，章が進むごとに諸君の理解が増して，より明快な解答が出せるようになっていることに驚くはずである．）

（1）量子論が必要とされる理由を述べよ．なお，以下のヒントを参考にするとよい．

- 実験的証拠を示せ（自分が最も納得できる実験事実を使えばよい）．
- 数式を用いて証明せよ（説明が楽になるはずである）．
- 原子が安定に存在する（大きさが有限であると捉えてよい）理由を，量子論を使って説明せよ（粒子であっても波動の性質を入れないと説明がつかないことを示すとよい）．

（2）「ミクロな世界の粒子（量子）は，粒子性と波動性を併せもつと考えるべきである」という量子論について，

（a）その証拠（例）を挙げて説明せよ．

（b）このことから「不確定性原理」が自然に導かれることを示せ．

（3）「不確定性原理があるために，原子は安定に存在できる」ということもできる．波長 λ の光を使って x を測るので，位置の不確定さをざっと $\Delta x \sim \lambda/2\pi$ 程度と見積もり，一方で運動量の不確定さを簡単に $\Delta p \sim h/\lambda$ で示すと，$\Delta x \cdot \Delta p \simeq \hbar$ が得られる．[注] このことを用いて，全エネルギー E を安定にする条件 $\partial E/\partial r = 0$ から，ボーア半径 a_0 と，そのときの E の値を求めよ（第1章の§1.3で求めた結果と一致することを確かめよ）．

§4.3 エネルギーと時間の不確定性関係

（注）不確定性関係の式は，本章で導いたように，
$$\varDelta x \cdot \varDelta p_x \gtrsim h$$
もしくは，[Exercise 4.1] の（3）で示した
$$\varDelta x \cdot \varDelta p_x \gtrsim \hbar$$
というシンプルな形（右辺は h か $\hbar$）で理解するのがよい．

別の証明方法により，右辺を $\hbar$ より小さく見積もって記す本もあるが，近似の信憑性を議論する問題になる．実験値を平均値と誤差で評価する場合，"誤差は切り上げる"という鉄則があるが，その点からも本書では上記の式を用いてある．

5. 量子の運動方程式

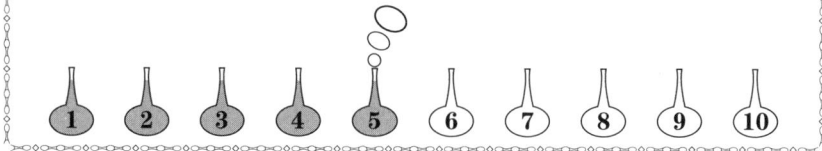

いよいよ本章では，前半の第Ⅰ部をしめくくるに当たり，ミクロな世界における常識をふまえるとき，古典力学の運動方程式をどのように改良していけばよいのか，量子力学における運動方程式を学び，後半の第Ⅱ部につなげることにしよう．意外にも自然な変形によって式ができ上がるので，納得できるであろう．

§5.1 存在確率と波動関数

前章までででわかったように，結局，物理量の値について自信をもっていえるのは"存在確率"だけということになる．つまり，古典物理では，「粒子の位置は，ここである」と特定の場所を記述できた（つもりだった）のに対して，量子物理では，「粒子の位置を測定すると，この辺りになる」とか，「粒子が見出されるのは，ここになる確率が大きい」といういい方になる．

もし，粒子の振舞いを表す関数として，波動性をもつことから式 (2.3) のように ϕ で書いたとしたら，その粒子のいる位置の存在確率は，まさしく §2.1 で見たように $|\phi|^2 = \phi^* \cdot \phi$ で表せばよいのである．なお，ここからは，ϕ の代わりに大文字の Ψ（読み方は，同じくプサイ）を用いることにしよう．

粒子がある時刻 t において，ある位置座標 r にいる場合を考える．その

粒子を，波動性をもつ関数として"波動関数" $\Psi(\boldsymbol{r}, t)$ で表すことができれば，粒子が見出される位置の確率は $|\Psi(\boldsymbol{r}, t)|^2$ で記述できるのである．その計算の仕方は，$\Psi^*(\boldsymbol{r}, t) \cdot \Psi(\boldsymbol{r}, t)$ である．つまり，粒子自身を表す波動関数 $\Psi(\boldsymbol{r}, t)$ に，左から，その複素共役 $\Psi^*(\boldsymbol{r}, t)$ を掛ける，というものである．

そこで本章では，"波動性を併せもつ粒子"の表し方がどのようになるのかを概観し，理解することにしよう．実際にどのようにすれば波動関数の形がわかるのか，具体的な運動方程式の立て方や解き方，解が教えてくれるもの等は，次の第6章以降でその代表例を詳しく学ぶ．ここでは，それに先立って，基本的な粒子について，数式を使った適切な表現方法を解説しておくことにする．

5.1.1 自由粒子の場合

x 方向に自由に運動できる粒子を考える．（この"自由粒子"の反対語は束縛粒子で，粒子の動ける範囲や条件が決められた中で運動する，ほとんどすべての粒子の場合に相当する．）

自由粒子の性質を反映する波は，広い空間にわたって一様に広がるので，"平面波"とよばれる．小石を池の真ん中に落としたとき，360度のどの方向にも等方的に広がる波紋がこれに当たる．

平面波を波動関数で表すときの表現方法は，

$$\Psi(x) = \exp(ip_x x) \tag{5.1}$$

である．なぜこの形になるのか，その直接の証明は次章に任せることにして，式 (5.1) を用いて自由粒子の存在確率を求めると，

$$|\Psi(x, t)|^2 = \Psi^*(x, t) \cdot \Psi(x, t) = 1 \tag{5.2}$$

となる．存在確率がいつも1であるということは，自由粒子は空間的に一様に分布していることを意味する．つまり，あらゆる場所に波が広がっていて，探し回ったら必ずどこかに見つかるということである．

5.1.2 水素原子の中の電子

これまでに何度も登場した，水素原子の中の電子は，原子核（水素原子の場合は陽子1個のみ）に束縛されながら運動している．電子は負電荷をもつので，原子核（正電荷）との間にクーロン引力は確かにはたらいている．しかし，電子が原子核に近づき過ぎると核からの強い反発（斥力）を受けるので，ある程度以上は近づけず，かといって遠ざかってしまって縁を切ることもできない．あくまで，原子の中で運動している電子は束縛粒子である．

（このような原子核と電子との関係は，親子の間の位置関係になぞらえるとわかりやすい．例えば君が大学生ならば，親が煩く干渉するのを嫌いながらも，縁を切って独立してしまうのもまずいであろう．すぐ相談できる距離を保つとか，必要が生じたらお小遣いをもらえるような位置関係を探って，ちょうど一番居心地の良い適度な距離（ボーア半径 a_0 に相当する）を見つけ，維持しているようなものである．）

このような電子の波動関数は，

$$\Psi(r) = \exp\left(-\frac{r}{a_0}\right) \tag{5.3}$$

と表すと都合の良いことがわかっている．ここで a_0 は式（1.15）で求めたボーア半径である．そして，電子の存在確率は，

$$P(r) = 4\pi r^2 \left|\exp\left(-\frac{r}{a_0}\right)\right|^2 \tag{5.4}$$

となる．この式（5.4）は，原子核の位置を原点に置き，電子の存在位置を動径方向 r のみの関数として解いた場合の答えになっている．（電子の運動する軌道として，角度方向もとり入れてきちんと解くには，第10章の扱いが必要になる．真面目に解くのは大層厄介なので，本書では最後の第10章で述べる．）

式（5.4）の右辺にある $4\pi r^2$ は，ちょうど球の表面積を掛けたような形になっているが，これは球座標 (r, θ, ϕ) で表したとき，角度方向の成分

§5.1 存在確率と波動関数　61

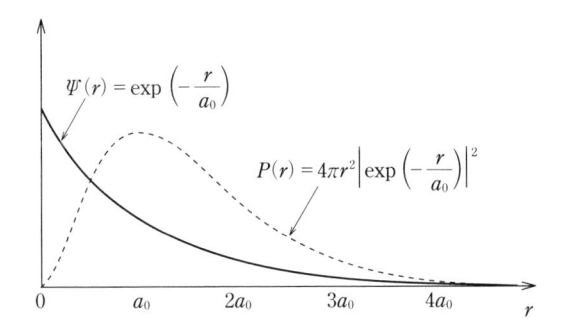

図 5.1 水素原子における電子の波動関数（基底状態）

を考えなくてよい場合に使うやり方で，下のように，立体角の積分の部分だけを先に計算した結果，出てくるものである．

$$\int \cdots r^2\, dr \int \sin\theta\, d\theta \int d\phi = \int 4\pi r^2 \cdots dr \tag{5.5}$$

式 (5.3) や式 (5.4) は，関数形を図に示すと図 5.1 のようになり，存在確率 $P(r)$ の最大は，ボーア半径 a_0 のところにきていることが明白であろう．

[**Exercise 5.1**] パラメーターを適当に決めて，実際に図 5.1 に相当するグラフを書いてみよ．諸君も関数形の意味することがよくわかり，第 1 章で定性的に導いた式が表す内容を面白いと感じるであろう．

以上のように，この節では典型的な 2 つのケースを例にして，波動関数の表し方と，その存在確率が意味するものを考えてきた．

しかし，そのように表せばよいことがどのようにしてわかるのか，あるいはもっと別のケースが起こったとき，どのように対処して波動関数を見つければよいのかが知りたいところである．さらに，本当にその表現でよいかどうかをいったい何でチェックすればよいのか，などを疑問に思うであろう．

そこで，後半の第II部では，具体的な問題設定の中で，粒子の波動関数の形やそのエネルギーの値を求める腕を磨くことにする．しかし，その前に，前半をしめくくる節として，量子の運動を記述する運動方程式の一般形を導いておくことにしよう．

§5.2 シュレディンガー方程式

古典力学の世界では，対象物を単に粒子（質量 m）だと考えて，ニュートン力学における運動方程式,

$$F = ma \tag{5.6}$$

を立ててきた（a は加速度）が，量子力学の支配する世界では，式 (5.6) に代わる新しい式を模索する必要がある．一般に，波の性質をもつ対象物に対しては，第2章で扱った波の関数形

$$\phi = A e^{i(\omega t + \delta)}$$
$$= A \exp[i(\omega t + \delta)] \tag{2.3}'$$

を拡張して，位置 $\boldsymbol{r}$ と時刻 t の変化する波動関数として表すと，

$$\Psi(\boldsymbol{r}, t) = A \exp[i\{\omega t + \delta(\boldsymbol{r})\}]$$
$$= A \exp[i(\omega t + \boldsymbol{k}\cdot\boldsymbol{r})] \tag{5.7}$$

と書け，時間の進行につれて x の正の方向に伝わる波とするために

$$\Psi(\boldsymbol{r}, t) = A \exp[i(\boldsymbol{k}\cdot\boldsymbol{r} - \omega t)] \tag{5.7}'$$

と記述しておく．ここで，$\boldsymbol{k}\cdot\boldsymbol{r} = k_x x + k_y y + k_z z$ である．

さて，要点をわかりやすくするために，ここから先はしばらく x 方向のみに注目し（$k_x = k$ と書く），1次元系で話を進めることにする．そこで，

$$\phi(x, t) = A \exp[i(kx - \omega t)] \tag{5.8}$$

という一般式から出発すると，変数は x と t の2つだけである．この式の意味を探るために，式 (5.8) を，変数 x と t とでそれぞれ偏微分した式を

つくることにしよう．

まず，式 (5.8) を x で偏微分してみると，

$$\frac{\partial \psi}{\partial x} = ik\psi \tag{5.9}$$

となるが，両辺に $-i\hbar$ を掛けると，

$$-i\hbar \frac{\partial \psi}{\partial x} = \hbar k\psi \tag{5.10}$$

が得られる．同様に，式 (5.8) を t で偏微分して得られる式，

$$\frac{\partial \psi}{\partial t} = -i\omega\psi \tag{5.11}$$

の両辺に $i\hbar$ を掛けると，次式が得られる．

$$i\hbar \frac{\partial \psi}{\partial t} = \hbar\omega\psi \tag{5.12}$$

式 (5.10) と式 (5.12) は，少し数学的な操作をした（あるいは数学を用いて遊んだ）だけであるが，非常に重要なことを教えてくれる．

まず，式 (5.10) の右辺は $\hbar k$ と ψ の掛け算，つまり ψ に運動量 $p = \hbar k$ を掛けただけであるが，左辺はそのような単純なものではなく，演算子で描かれている．つまり，ψ に演算子 $(-i\hbar \partial/\partial x)$ を作用させる，という意味をもっている．

左辺と右辺はイコールで結ばれているので，この式の語る意味は，ψ に運動量 p を掛けることが，ψ に演算子 $(-i\hbar \partial/\partial x)$ を作用させることと等価である，ということになる．

全く同様にして，式 (5.12) からは次のことがわかる．右辺に見られるように ψ に $E = \hbar\omega$ を掛けたものは，左辺から見ると，ψ に演算子 $(i\hbar \partial/\partial t)$ を作用させることと等価である，という意味が語られていることになる．

以上をまとめると，次のような演算子への変換が可能という意味になる．

5. 量子の運動方程式

$$\left.\begin{array}{rcl} E & \to & \text{演算子} \quad i\hbar \dfrac{\partial}{\partial t} \\[6pt] p & \to & \text{演算子} \quad -i\hbar \dfrac{\partial}{\partial x} \\[6pt] (\boldsymbol{p} & \to & \text{演算子} \quad -i\hbar \nabla) \end{array}\right\} \qquad (5.13)$$

なお,最後の括弧内は 3 次元の場合を示していて,演算子 ∇ は**ナブラ**とよび,

$$\nabla = \frac{\partial}{\partial x}\boldsymbol{i} + \frac{\partial}{\partial y}\boldsymbol{j} + \frac{\partial}{\partial z}\boldsymbol{k} \qquad (5.14)$$

で定義される.

このように,変換を表す (5.13) の関係は,E や p を見たら,矢印の右にあるような演算子におき換えよ,という意味になる.この変換をするだけで,古典力学の運動方程式が量子力学での記述にすり替わるということである.

その結果,量子力学における粒子のエネルギーはどのように表せるかを見てみよう.

$$E = \frac{p^2}{2m} + V(x)$$

において,右辺の第 1 項(運動エネルギー)にある運動量 p に対して式 (5.13) を用いると,

$$\begin{aligned} p^2 = p \cdot p &= \left(-i\hbar \frac{\partial}{\partial x}\right)\left(-i\hbar \frac{\partial}{\partial x}\right) \\ &= -\hbar^2 \frac{\partial^2}{\partial x^2} \end{aligned} \qquad (5.15)$$

が成り立つので,エネルギー E は次のような演算子におき換わることがわかる.

$$E \to -\frac{\hbar^2}{2m}\frac{\partial^2}{\partial x^2} + V(x) \equiv H \qquad (5.16)$$

なお,3 次元の場合は次のように書ける.

$$\left. \begin{array}{r} E \;\to\; -\dfrac{\hbar^2}{2m}\nabla^2 + V(\boldsymbol{r}) \equiv H \\[6pt] \left(\nabla^2 = \dfrac{\partial^2}{\partial x^2} + \dfrac{\partial^2}{\partial y^2} + \dfrac{\partial^2}{\partial z^2} \right) \end{array} \right\} \quad (5.17)$$

ここで，式 (5.16) あるいは式 (5.17) における右辺 H は，エネルギー E を演算子で書き換えたものという意味をもち，**ハミルトニアン（ハミルトン演算子）** とよばれる．これが量子力学で主人公となる演算子である．

🖉 ハミルトニアン

いま，求めたい波動関数を Ψ とすると，ハミルトニアン H を式 (5.16)（3次元では式 (5.17)）の左辺で表した演算子として Ψ に作用させたとき，それはエネルギー E を波動関数 Ψ に掛けたものに他ならないという意味で，

$$H\Psi = E\Psi \quad (5.18)$$

で表せる．そして，式 (5.18) の方程式を解いた際，その解として，エネルギー E と一緒に Ψ の形も得られるのである．式 (5.18) は，**シュレディンガー（Schrödinger）の波動方程式** とよばれ，量子力学における最も重要な式である．

🖉 シュレディンガー方程式

一見，式 (5.18) は当たり前のことを書いただけのように見える簡単な式であるが，覚える式の形としてはこれで十分である．ただし，左辺は，Ψ に演算子 H を作用させた結果，初めて意味をもつものなので，右辺は単にエネルギー E と Ψ の積であっても，方程式を解くまで答えは全くわからないのである．そのため，実際には，H を式 (5.16)，もしくは式 (5.17) の形に戻して，方程式 (5.18) を 2 階の微分方程式として解かなければならない．

この方程式を解いて得られる解は，E で表される**エネルギー固有値**と波動関数 Ψ である．解として求められた Ψ を**固有関数**とよび，ポテンシャル $V(x)$（あるいは $V(\boldsymbol{r})$）という環境の中で運動する量子（波動性を併せもつ粒子）の振舞いを記述できる関数形となる．

🔑 エネルギー固有値，固有関数

覚える式の形としては (5.18) で十分であるが，式 (5.13)，(5.16) を用いて実際に計算するときの式に直すと次のようになる．

$$\left\{-\frac{\hbar^2}{2m}\frac{\partial^2}{\partial x^2} + V(x)\right\}\Psi = i\hbar\frac{\partial}{\partial t}\Psi \tag{5.19}$$

また，3次元の場合は，

$$\left\{-\frac{\hbar^2}{2m}\nabla^2 + V(\boldsymbol{r})\right\}\Psi = i\hbar\frac{\partial}{\partial t}\Psi \tag{5.19}'$$

となり，これらは，**時間を含むシュレディンガー方程式**とよばれる．

シュレディンガー方程式は量子の運動する速さ v が光速 c よりはるかに遅い場合（$v \ll c$）ならいつでも使えるので，原子，分子，固体中の電子など，物質科学（物性物理）や電気・電子系で扱う量子の問題には心配なく使える"万能薬"のような方程式である．

🔑 時間を含むシュレディンガー方程式

この節の最後で，実際にシュレディンガー方程式を使ってみて，諸君がよく知っている答えが導き出せることを試してみるが，その前に，大抵の場合は式 (5.19) をもう少し簡単にすることができるので，その点に触れておく．

量子の置かれている状態（先ほどはわかりやすく，環境と書いた）を数式で表したものが，"ポテンシャル $V(x)$" であるが，これは大抵の場合，時間変化しない（t にはよらない）と見なせるので，波動関数 Ψ を変数分離することができる．

つまり,
$$\Psi(x,t) = \Phi(x)\,T(t) \quad (5.20)$$
というように,位置を表す x だけの関数 $\Phi(x)$ と,時刻 t だけの関数 $T(t)$ とに分けることが許されるのである.そうすると,式 (5.19) は,以下のようにして少し簡単な式に直すことができる.

まず,式 (5.19) の Ψ に式 (5.20) を代入すると
$$\left\{-\frac{\hbar^2}{2m}\frac{\partial^2}{\partial x^2} + V(x)\right\}\Phi(x)\,T(t) = i\hbar\frac{\partial}{\partial t}\Phi(x)\,T(t) \quad (5.21)$$
となり,演算子が作用する関数に注意した上で両辺を $\Phi(x)\,T(t)$ で割ると,
$$-\frac{\hbar^2}{2m}\frac{1}{\Phi(x)}\frac{\partial^2\Phi(x)}{\partial x^2} + V(x) = i\hbar\frac{1}{T(t)}\frac{\partial T(t)}{\partial t} \quad (5.22)$$
という式が得られる.そうすると,左辺は x のみの関数,右辺は t のみの関数になっているので,それらが等しいということは,両辺とも,いずれの変数にもよらない定数になることを意味している.したがって,その定数を E とすると,
$$i\hbar\frac{1}{T(t)}\frac{\partial T(t)}{\partial t} = E \quad (5.23)$$
とおくことになる.この定数は何でもよいわけではなく,大事な意味をもっている.エネルギーの E になることは,以下のようにしてすぐ理解できる.

式 (5.23) から $T(t)$ の解を求めると,
$$T(t) = \exp\left(\frac{E}{i\hbar}t\right) \quad (5.24)$$
となる.波の時間変化の部分はいつも $\exp(-i\omega t)$ で書けたことを思い出すと,右辺と照合させることにより,よく見慣れた関係式 $E = \hbar\omega$ が成り立っていることがわかる.つまり,式 (5.23) でおいた E は,エネルギーの意味の E としてつじつまが合うことを証明できたことになる.

ほとんどの場合,問題の設定として,粒子の置かれた環境を表すポテンシ

ャル V は x だけの関数であって，時刻 t にはよらないのが普通なので，式 (5.24) をいつでも $T(t)$ の解として，$\Phi(x)$ の解に後から掛けておけばよいのである．

このとき，シュレディンガー方程式 (5.19) は，次のように位置 x の関数 Φ のみで書ける．

$$\left\{-\frac{\hbar^2}{2m}\frac{\partial^2}{\partial x^2} + V(x)\right\}\Phi = E\Phi \tag{5.25}$$

3 次元の場合は，

$$\left\{-\frac{\hbar^2}{2m}\nabla^2 + V(\boldsymbol{r})\right\}\Phi = E\Phi \tag{5.25}'$$

となる．これらを，**時間を含まないシュレディンガー方程式**とよんでいる．

第 6 章以降で，粒子のさまざまな環境を設定して問題を解く練習をするが，いずれも運動方程式は (5.25) を用いて計算し，時間依存性がほしいときは，式 (5.20) に従って式 (5.24) を掛けるだけで済むことになるのである．

🔑 時間を含まないシュレディンガー方程式

§5.3 自由粒子の量子解

ここでは，シュレディンガー方程式を使う練習として，力を受けない自由粒子の運動を解いてみよう．量子力学を使って問題を解く場合，粒子であってもよく知られた平面波の関数形が出てくるかどうか，シュレディンガー方程式を解いて確認してみることにしよう．

簡単のため，自由粒子は x 方向にのみ運動するものとする．質量 m の自由粒子には外からの力がはたらいていないので，ポテンシャル・エネルギーはない．そこで，

$$V(x) = 0 \tag{5.26}$$

とおいて，シュレディンガー方程式 (5.25) に代入する．いま，変数は x

§5.3 自由粒子の量子解

のみなので,

$$-\frac{\hbar^2}{2m}\frac{d^2\varPhi}{dx^2} = E\varPhi \tag{5.27}$$

と書いてよい．少し変形すると,

$$\frac{d^2\varPhi}{dx^2} = -\frac{2mE}{\hbar^2}\varPhi \tag{5.27}'$$

という簡単な2階の微分方程式を解く問題になる．

この解は，左辺から，$\varPhi$ を x で2回微分したとき，右辺のように $\varPhi$ にあるものを2度掛けて負の値になるもの，と考えて見つけることができる．そうすると,

$$\varPhi(x) = \exp\left[i\frac{\sqrt{2mE}}{\hbar}x\right] \tag{5.28}$$

が，求める関数の大体の形であることがわかる．

式 (5.28) の $\varPhi$ が (5.27)' を満たした解であることは，代入してみればすぐ確かめられるが，"大体の解" と書いたのは，係数を掛けたり，exp の中を逆符号にしたりして，同様の解が他にも可能かもしれないので，それを考慮して後で式を整える，言わば "化粧直し" が必要だという意味である．

式 (5.28) の exp の中は逆符号でも成り立つので，解は

$$\varPhi(x) = \exp\left[\pm i\frac{\sqrt{2mE}}{\hbar}x\right] \tag{5.28}'$$

とすべきであることにすぐ気付くであろう．

変数 x, t をもつ波動関数を求めたいときは，この $\varPhi(x)$ に，先に導いた時間変化を表す解 (5.24) を掛けて,

$$\varPsi(x,t) = \exp\left[-i\left(\frac{E}{\hbar}t \pm \frac{\sqrt{2mE}}{\hbar}x\right)\right] \tag{5.29}$$

とすればよい．右辺の $\pm$ は，括弧の前にマイナスがあるので，プラスの方が負の x 方向に進む波，マイナスの方が正の x 方向に進む波を意味している．

そして，式 (5.29) を最終的に求める解とするために

5. 量子の運動方程式

$$\Psi(x,t) \to \sqrt{C}\,\Psi(x,t)$$

とおいてみて，粒子の存在確率が 1 になるように C を決める．

この

$$C\iint |\Psi(x,t)|^2\, dx\, dt = 1 \tag{5.30}$$

は，**規格化条件**とよばれるものである．

いまの問題で得られた解 (5.29) は，関数形 $\Psi(x,t)$ 自身が，いつも $|\Psi(x,t)|^2 = \Psi^*(x,t)\cdot\Psi(x,t) = 1$ を満たしているので，全空間にわたって波を探すと，必ずどこかに存在するという平面波の解になっており，$C=1$ としてよい．すなわち，式 (5.29) が最終的な解（量子力学による量子解）であることがわかる．

ここで，波を表す関数形，

$$\Psi(x,t) = A\exp[-i(\omega t \pm kx)] \tag{5.8}'$$

と，いま得られた解である式 (5.29) とを比較すると，

$$\frac{E}{\hbar} = \omega, \qquad \frac{\sqrt{2mE}}{\hbar} = k \tag{5.31}$$

つまり，

$$E = \hbar\omega, \qquad p = \hbar k \tag{5.32}$$

の関係式が成り立っていることに気付く．式 (5.32) の 2 つの式はいずれも，左辺がエネルギー E や運動量 p という粒子を物語る物理量を表し，右辺は周波数 ω や波数 k といった波動を表す物理量なので，それがイコールで結ばれているということは，粒子性と波動性をつないだ式，という意味になっている．

いい換えると，よく知られた古典力学で表した波（平面波とよばれ，四方八方に等方的に広がる波）の式 (5.7)′ に，量子化として (5.32) の関係式を要求すると (5.29) の量子解が導かれる，と解釈することもできるのである．よって，自由粒子は平面波の形で書けることがわかったであろう．

§5.3 自由粒子の量子解

　以上のように，量子力学では日常生活では見慣れない概念が入ってくるものの，何か特別なことをする難しい学問ではなく，極めて自然な操作をやっているだけだということを納得できたであろう．そこで，続く第II部では，求める粒子（量子）の置かれた環境をポテンシャル $V(x)$，もしくは $V(r)$ で適切に記述し，2階の微分方程式 (5.25) を解くことにより，波動関数の固有値である固有関数 $\Phi(x)$ もしくは $\Phi(r)$，およびエネルギーの固有値 E が計算できることを実際に試してみることにしよう．その結果，求められた答えは，自然界の物理現象について，ミクロな視点で求めた解として，大変面白い出来事を語ってくれることになる．

第Ⅱ部

量子論の活用法

——シュレディンガー方程式の使い方——

6. 自由粒子の運動
― 境界条件がある場合 ―

本章では，1次元（のちに3次元に発展させて）の自由粒子の運動について，実際によく使われる例を念頭におき，量子力学に基づいた解き方を学んでみよう．

§6.1 1次元の自由粒子

図 6.1 に示すように，$x = \pm l/2$ の位置にある壁の間を，質量 m の粒子が他から力を受けないで自由に（x 方向にだけ）運動できる問題を考える．これは第5章の §5.3 で扱った，1次元の自由粒子が境界条件をもつ場合の運動に相当する．

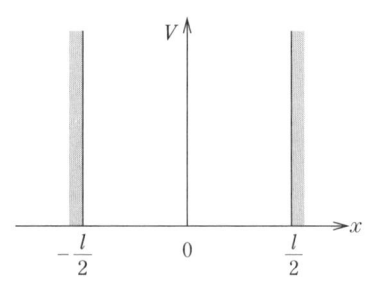

図 6.1

第5章で学んだ式 (5.25) にこの問題を適用するため，答えとなる波動関数を $u(x)$ とおいて，時間を含まないシュレディンガー方程式を立てる．

いま，変数は x だけなので，

$$-\frac{\hbar^2}{2m}\frac{d^2 u}{dx^2} = \{E - V(x)\}u \tag{6.1}$$

と書ける（偏微分でなく，普通の微分記号になる）．ここで，自由粒子の置かれた状況を表すポテンシャルとして，$V(x) = 0$ を代入すると，

$$\frac{d^2u}{dx^2} = -k^2 u \tag{6.2}$$

となる．ただし，$k = \sqrt{2mE}/\hbar$ とおいてある．

　まず，大体の解の形を仮定するのだが，すぐ後で粒子の運動領域の制限に当たる"境界条件"を入れるために，次のようなわかりやすい $u(x)$ の形を設定することにする（A, B は任意の定数）．

$$u(x) = A\cos kx + B\sin kx \tag{6.3}$$

（もちろん，$u(x) = Ce^{ikx} + De^{-ikx}$（$C$, D は任意の定数）とおいてもかまわないが，ここでは式 (6.3) とする．）

　粒子の運動範囲は $-l/2 \leqq x \leqq l/2$ であるから，境界条件として，

$$\left. \begin{array}{l} x = \pm \dfrac{l}{2} \text{ で，} u(x) = 0 \\[2mm] |x| \geqq \dfrac{l}{2} \text{ で，} V(x) = \infty \end{array} \right\} \tag{6.4}$$

が要求される．条件式 (6.4) を式 (6.3) に代入すると，次式が得られる．

$$\left. \begin{array}{l} x = -\dfrac{l}{2} \text{ のとき} \quad A\cos\dfrac{kl}{2} - B\sin\dfrac{kl}{2} = 0 \\[2mm] x = +\dfrac{l}{2} \text{ のとき} \quad A\cos\dfrac{kl}{2} + B\sin\dfrac{kl}{2} = 0 \end{array} \right\} \tag{6.5}$$

ただし，$A = B = 0$ という解は数学的にはあり得るが，物理的には意味がないので除く．なぜなら，粒子の存在確率は必ず1になる必要があるので，

$$\int_{-l/2}^{l/2} |u|^2 \, dx = 1$$

でなければならないからである．

　式 (6.5) から

6. 自由粒子の運動

$$\left. \begin{array}{c} A\cos\dfrac{kl}{2} = 0 \\ \text{あるいは} \\ B\sin\dfrac{kl}{2} = 0 \end{array} \right\} \quad (6.6)$$

が得られるので，可能な解は次の2通りとなる．

（1） $A = 0$ の場合（$B \neq 0$）

$$\sin\frac{kl}{2} = 0 \quad (6.7)$$

であるから，kl の値が以下の場合に答えをもつことになる．

$$\frac{kl}{2} = n\pi \quad (n：整数, \ n \neq 0) \quad (6.8)$$

（2） $B = 0$ のとき（$A \neq 0$）

$$\cos\frac{kl}{2} = 0 \quad (6.9)$$

となり，kl が解をもつ条件は，

$$\frac{kl}{2} = (2n'+1)\frac{\pi}{2} \quad (n' = 0, 1, 2, \cdots) \quad (6.10)$$

である．

このように，式 (6.8) あるいは式 (6.10) を満たすとき，k として許される値をもつので，2つの式を1つにまとめて表すと，

$$\frac{kl}{2} = n\frac{\pi}{2} \quad (n = 1, 2, 3, \cdots) \quad (6.11)$$

と書くことができる．新たに n を，この場合の**量子数**として，

$$k = n\frac{\pi}{l} \quad (n = 1, 2, 3, \cdots) \quad (6.11)'$$

の条件が成り立つとき，式 (6.3) は（1）または（2）の解をもつといえる．

ここで，解の固有関数を具体的に書き下してみると，

§6.1 1次元の自由粒子   77

$$
\left.\begin{array}{ll}
n=1 \text{ のとき} & u_1(x) = A_1 \cos\left(\dfrac{\pi}{l}x\right) \\[6pt]
n=2 \text{ のとき} & u_2(x) = A_2 \sin\left(\dfrac{2\pi}{l}x\right) \\[6pt]
n=3 \text{ のとき} & u_3(x) = A_3 \cos\left(\dfrac{3\pi}{l}x\right) \\[6pt]
n=4 \text{ のとき} & u_4(x) = A_4 \sin\left(\dfrac{4\pi}{l}x\right) \\[6pt]
\quad\vdots & \quad\vdots
\end{array}\right\} \quad (6.12)
$$

となる．このように cos 形と sin 形の解が交互に現れることを**解の偶奇性**とよんでいる．

これを図で示すと，図 6.2 のようになる．シュレディンガー方程式を解いたにもかかわらず，いまの場合は壁の高さが無限大なので，古典解と全く同じ形が得られた点に注意しておこう（固定端のときの弦の振動と同様の解になった）．

解となる固有関数の一般形は

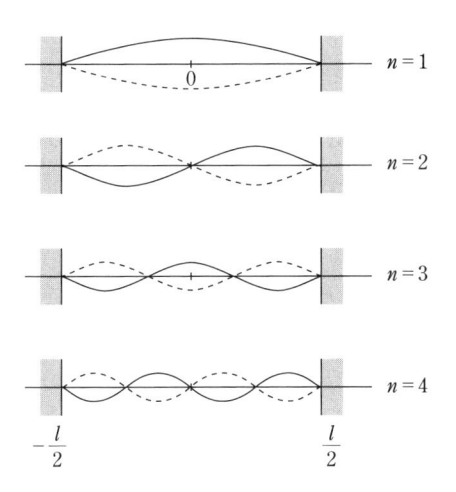

図 6.2

$$u_n(x) = \begin{cases} A_n \cos\left(n\dfrac{\pi}{l}x\right) & (n：奇数) \\ A_n \sin\left(n\dfrac{\pi}{l}x\right) & (n：偶数) \end{cases} \quad (6.13)$$

と表せ,それに対応する粒子のエネルギー固有値を求めると,式 (6.11)′ より

$$E_n = \frac{(\hbar k)^2}{2m} = n^2 \frac{\pi^2 \hbar^2}{2ml^2}$$
$$= n^2 \frac{h^2}{8ml^2} \quad (n = 1, 2, 3, \cdots) \quad (6.14)$$

となる.式 (6.14) の最後の式変形には,$\hbar = h/2\pi$ を用いてある.$n=1$ のときのエネルギーを E_1 とすると,これが最も低いエネルギー値に当たり,

$$E_1 = \frac{h^2}{8ml^2} \quad (6.15)$$

は**零点エネルギー**とよばれる.このように,最低のエネルギー準位でもゼロではなく,有限の値をもつことを覚えておこう.

§6.2 3次元の自由粒子

§6.1 で1次元の問題が解けたので,これをもとにして,この節では3次元に発展させた自由粒子の量子解を求めてみよう.

ハミルトニアンは,式 (5.17) を用いて $V(x)=0$ を代入することにより,

$$H = -\frac{\hbar^2}{2m}\left(\frac{\partial^2}{\partial x^2} + \frac{\partial^2}{\partial y^2} + \frac{\partial^2}{\partial z^2}\right) \quad (6.16)$$

と書けるから,シュレディンガー方程式は,式 (6.2) を3次元化した次のような式になる.

$$\frac{\partial^2 u}{\partial x^2} + \frac{\partial^2 u}{\partial y^2} + \frac{\partial^2 u}{\partial z^2} = -k^2 u \quad (6.17)$$

ただし,$k = \sqrt{2mE}/\hbar$ とおいてある.また,エネルギー E については,

$E = E_x + E_y + E_z$ の関係にある．運動の領域は §6.1 と同じく $x(-l/2, l/2)$ でもかまわないが，壁の位置をずらして境界領域を $x = 0$, $x = l$ とすると，後の計算が楽になる．y, z についても同様である．

[**Exercise 6.1**] §6.1 で扱った1次元自由粒子の運動を，$V = \infty$ となる壁の位置を $x = 0$, $x = l$ に直して，境界条件を入れたシュレディンガー方程式を解け．また，エネルギーは全く同じ値になることを導け．さらに，波動関数はどのように書けるか，求めてみよ．

さて，x, y, z の3軸方向は独立なので，ここでも解に変数分離の方法が使えることになる．3つの変数 x, y, z について，波動関数の形を

$$u(x, y, z) = X(x) \, Y(y) \, Z(z) \tag{6.18}$$

と書くと，X, Y, Z はそれぞれ x, y, z のみの関数になる．このように変数分離ができると，偏微分の演算子（$\partial u/\partial x$, $\partial u/\partial y$, $\partial u/\partial z$）は普通の微分演算子（dX/dx, dY/dy, dZ/dz）で表せて楽である．

式 (6.18) を式 (6.17) に代入し，両辺を $u = XYZ$ で割ると，§5.2 で行なった変数分離のときと同様の処理ができて，以下のような式を得る．

$$\left. \begin{aligned} \frac{d^2 X}{dx^2} &= -\frac{2mE_x}{\hbar^2} X \\ \frac{d^2 Y}{dy^2} &= -\frac{2mE_y}{\hbar^2} Y \\ \frac{d^2 Z}{dz^2} &= -\frac{2mE_z}{\hbar^2} Z \end{aligned} \right\} \tag{6.19}$$

ただし，

$$k_x = \frac{\sqrt{2mE_x}}{\hbar}, \quad k_y = \frac{\sqrt{2mE_y}}{\hbar}, \quad k_z = \frac{\sqrt{2mE_z}}{\hbar} \tag{6.20}$$

とおいてある．そして，式 (6.13) を使うと，3次元の自由粒子の量子解は，波動関数として，

$$u(x, y, z) = A_{n_x n_y n_z} \sin\left(\frac{n_x \pi}{l_x} x\right) \sin\left(\frac{n_y \pi}{l_y} y\right) \sin\left(\frac{n_z \pi}{l_z} z\right) \Bigg\}$$
$$\text{（量子数 } n_x, n_y, n_z: \text{ ゼロを除く任意の整数）}$$
(6.21)

のように書ける．また，エネルギー固有値としては，式 (6.14) を 3 次元にした解，

$$E = \left(\frac{n_x^2}{l_x^2} + \frac{n_y^2}{l_y^2} + \frac{n_z^2}{l_z^2}\right) \frac{\pi^2 \hbar^2}{2m} \tag{6.22}$$

が成り立つ．

最後に，3 次元系だからこそのエネルギーの記し方について触れておく．境界領域の長さに当たる l について，$l_x = l_y = l_z = l$ の関係があるとき，3 次元の立体の体積を V とすると，

$$l_x\, l_y\, l_z = l^3 = V$$

と書けるので，式 (6.22) のエネルギー固有値は

$$E = (n_x^2 + n_y^2 + n_z^2) \frac{\pi^2 \hbar^2}{2m V^{2/3}} \tag{6.23}$$

となる．

そして，最も低いエネルギーの値は $n_x = 1$, $n_y = 1$, $n_z = 1$ の場合であるから，

$$E_0 = \frac{3\pi^2 \hbar^2}{2m V^{2/3}}$$

が零点エネルギーになる．

§6.3 周期的境界条件

§6.2 の問題は，自由粒子が箱の中で 3 次元的な運動をする場合であったが，その際の境界条件は，箱の淵（壁）のところで波動関数がゼロになるこ

とで与え，量子状態が求められた．この後（量子力学で学んだことを生かして）固体の中における電子の振舞いを解くときも，上記の境界条件を用いてよい．

しかし，実際には，電子の状態は固体内部と境界付近とでは異なってしまう．また，壁の高さが無限大になることはなく，電子が有限のポテンシャル障壁から受ける力は，内部と境界近くとでは違うことになる．

そこで，このような不都合をなくすのに，ある一定距離 L ごとに波動関数が周期的にくり返すと仮定する方法がとられる．1 次元系であれば，図 6.3 のように 1 周が L の輪を考え，点 A から出発して輪に沿って再び A に戻り，同じことがくり返されるものとし，その L を十分大きくしておけば曲率を心配することなく，一直線上の周期的境界条件を入れたことになる．

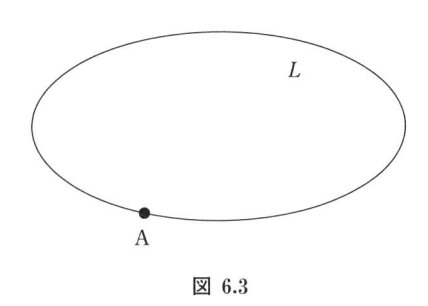

図 6.3

そして，3 次元系では，x, y, z 方向に L の周期を考えることになるので，一辺が十分大きい L（$L \to \infty$）の立方体を考え，それが周期的にくり返すものとするのである．

このように，波動関数に**周期的境界条件**を入れることを式で表すと，

$$\left.\begin{array}{l} u(x+L, y, z) = u(x, y, z) \\ u(x, y+L, z) = u(x, y, z) \\ u(x, y, z+L) = u(x, y, z) \end{array}\right\} \quad (6.24)$$

となる．

したがって，3 次元の自由粒子の場合，波数 k についても，

$$k_x = n_x \frac{2\pi}{L}, \quad k_y = n_y \frac{2\pi}{L}, \quad k_z = n_z \frac{2\pi}{L} \quad (6.25)$$

とおけることになり，波動関数は，

$$u(x,y,z) = A_{n_x n_y n_z} \exp\left[2\pi i\left(\frac{n_x}{L}x + \frac{n_y}{L}y + \frac{n_z}{L}z\right)\right] \quad (6.26)$$

(量子数 n_x, n_y, n_z：ゼロを除く任意の整数)

エネルギーは,

$$E = \frac{\hbar^2}{2m} \cdot 4\pi^2 \left(\frac{n_x^2}{L^2} + \frac{n_y^2}{L^2} + \frac{n_z^2}{L^2}\right)$$

$$= \frac{h^2}{2m}\left(\frac{n_x^2}{L^2} + \frac{n_y^2}{L^2} + \frac{n_z^2}{L^2}\right) \quad (6.27)$$

となる．確かに式 (6.26) を見ると，$u(x,y,z)$ は x, y, z が L だけ増すごとに元に戻ることがわかる．

波動関数 $u(x,y,z) = $ 一定 となるところは,

$$\frac{n_x}{L}x + \frac{n_y}{L}y + \frac{n_z}{L}z = \text{一定}$$

の平面になっているので，自由粒子のつくる波は**平面波**とよばれる．

[**Exercise 6.1**] の解答

式 (6.3) までは同じ．境界条件として，

$x = 0$ のとき $A = 0$

$x = l$ のとき $A\cos kl + B\sin kl = 0$

から

$$B\sin kl = 0 \quad (B \neq 0)$$

を得る．よって，$kl = n\pi$ ($n = 1, 2, 3, \cdots$)，$k = n\pi/l$ は (6.11)′ と同じ．

したがって，エネルギーは $E_n = n^2 h^2 / 8\,ml^2$ ($n = 1, 2, 3, \cdots$) で (6.14) と同じ．

さらに，$u(x) = B\sin kx$ に対して規格化条件

$$|B|^2 \int_0^l \sin^2 kx\, dx = \frac{l}{2}|B|^2 = 1$$

より $B = \sqrt{2/l}$ を用いて

$$u(x) = \sqrt{\frac{2}{l}}\sin\left(n\frac{\pi}{l}x\right) \quad (n = 1, 2, 3, \cdots)$$

となる．

7. 井戸型ポテンシャル

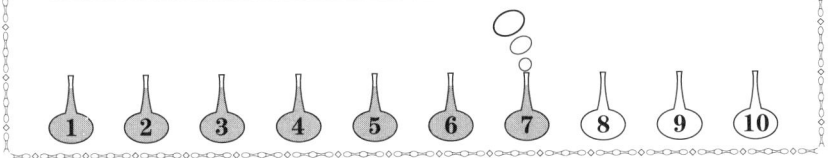

本章では，第6章のような境界条件をもつ自由粒子の運動で，かつ壁の高さが有限の場合，解がどのように変わるかを考えてみよう．ポテンシャルの高さ V が領域によって異なることはあっても，一定の値をもつ場合は厳密に解くことができ，しかも最も汎用性のある問題である．特に，トランジスターの中の電子の運動など，すぐ応用される例の多い問題なので，確実に解けるようにしておきたい．

§7.1 方程式と解法

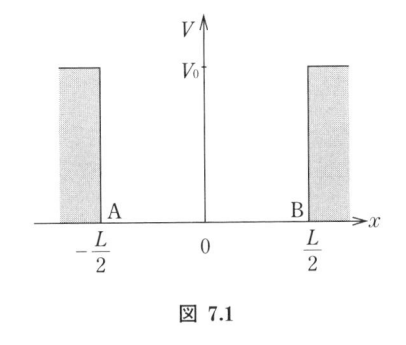

まず，図7.1を見てみよう．$x = -L/2$（A点）と $x = L/2$（B点）の壁の間に挟まれた粒子の運動を考える．前章と異なるのは，壁の高さが有限な一定値をもつ（$V = V_0 \neq \infty$）ところだが，このことが，先と同じように解いたときに，量子効果がまともに反映される結果を生み出すので大変興味深い．これを**井戸型ポテンシャルの問題**という．どのような解になるのか，楽しみにして解いてみることにしよう．

図 7.1

井戸の中にいる粒子の運動を扱うため，まず，エネルギーは，$E < V_0$ と

おくことにする．つまり，束縛された粒子の量子状態を求めることになる．

古典力学で考えると，当然のことながら，粒子は井戸の外へは出られないので，井戸の中でだけ解をもつことになるであろう．

ところが，量子力学で解いたとき，もし井戸の外にも粒子の見出される確率がゼロでなければ（すなわち，波動関数を $\Phi(x)$ とすると，その存在確率が井戸の外側の領域において $|\Phi(x)|^2 \neq 0$ となれば），明らかに量子特有の解が示す新たな知見を得たことになる．

井戸の中において，粒子の運動を記述するシュレディンガー方程式は

$$V(x) = 0, \quad -\frac{\hbar^2}{2m}\frac{d^2\Phi}{dx^2} = E\Phi \quad \left(-\frac{L}{2} \leqq x \leqq \frac{L}{2}\right) \quad (7.1)$$

と書ける．

一方，井戸の外では同様にして，

$$V(x) = V_0, \quad -\frac{\hbar^2}{2m}\frac{d^2\Phi}{dx^2} + V_0\Phi = E\Phi \quad \left(x < -\frac{L}{2},\ x > \frac{L}{2}\right) \quad (7.2)$$

となる．ここで，井戸の中と外に分けて，前章で学んだように大体の解の形を仮定して解いていくことにする．

まず，井戸の中における粒子の解としては，式 (7.1) が式 (6.2) と同じであることから，$\alpha = \sqrt{2mE}/\hbar$ とおいて

$$\Phi_{\text{in}}(x) = A\cos\alpha x + B\sin\alpha x \quad (7.3)$$

と設定してよいのは，式 (6.3) を用いたときと同様である．一方，井戸の外においては，式 (7.2) を変形して

$$\frac{d^2\Phi}{dx^2} = -\frac{2m}{\hbar^2}(E - V_0)\Phi$$

$$= \frac{2m}{\hbar^2}(V_0 - E)\Phi \quad (7.4)$$

とすると，いまのエネルギーの条件式 $E < V_0$ から $V_0 - E > 0$ となり，右辺の Φ の係数はプラスの値になることがわかる．したがって，

§7.1 方程式と解法

$$\kappa = \frac{\sqrt{2m(V_0 - E)}}{\hbar} \tag{7.5}$$

とおくと，式（7.4）の解として，今度は式（6.3）や式（7.3）に見られるような $e^{\pm ikx}$ の形ではなく，

$$\Phi = e^{\pm \kappa x} = \exp(\pm \kappa x) \tag{7.6}$$

の形を仮定しなければならないことがわかる．式（7.6）は，微分を2回行なっても Φ に掛かる係数はプラスの値になるので，式（7.4）の大体の解とおいて支障のないことがすぐに確認できるであろう．

ただし，井戸の外には $x < -L/2$ と $x > L/2$ という2つの領域があるので，式（7.6）の ± のうち，x の正の解と負の解のどちらを対応させるべきかに注意する必要がある．ポイントは，$x \to \infty$ あるいは $x \to -\infty$ としたとき，解 $\Phi(x)$ がゼロにならないといけないことなので，どちらか一方の発散する解はこの段階で捨てておくことになる．

よって，意味のある解は，領域別に

$$\Phi_{\text{out}}(x) = F \exp(\kappa x) \quad \left(x < -\frac{L}{2}\right) \tag{7.7a}$$

$$\Phi_{\text{out}}(x) = G \exp(-\kappa x) \quad \left(x > \frac{L}{2}\right) \tag{7.7b}$$

とおけることがわかる（F, G は任意の定数）．

さて，次になすべきことは，第6章から発展させて，井戸の中の解である式（7.3）と，井戸の外の解である式（7.7a）あるいは式（7.7b）という，それぞれの領域ごとに別々に設定した解を，境界線に当たるA点とB点とでいずれもなめらかにつなぐという接続作業である．このことを，**境界条件を入れる**という．

井戸の中と外とで，解同士がつながらなければならないのは当然なので，

$$\Phi_{\text{in}}(x) = \Phi_{\text{out}}(x) \tag{7.8}$$

が要求される．

さらに，単に値が一致すればよいわけではない．不自然な接続では意味が

ないので，**なめらかにつながる**ためには，接点において，両方から来た関数の微係数が一致する必要がある．すなわち，

$$\frac{d\Phi_{\text{in}}(x)}{dx} = \frac{d\Phi_{\text{out}}(x)}{dx} \tag{7.9}$$

が要求されるのである．

このように，式（7.8）と式（7.9）の両方の条件式を，接続箇所（点A，B）に要求して初めて，シュレディンガー方程式を解いた真の解が得られることになる．先に概略形を求めておいた大体の解である $\Phi_{\text{in}}(x)$ と $\Phi_{\text{out}}(x)$ について，実態に即した解に修正するという意味で，境界条件を入れる必要があるのである．

解の連続性は接点 A，B の両方において満足すべきものなので，境界条件を表す式は次の 4 つの式として要求される．

まず，B 点（$x = L/2$）における連続性の式は（x が正の領域である B 点から記す），

$$A\cos\frac{\alpha L}{2} + B\sin\frac{\alpha L}{2} = G\exp\left(-\frac{\kappa L}{2}\right) \tag{7.10}$$

および

$$-\alpha A\sin\frac{\alpha L}{2} + \alpha B\cos\frac{\alpha L}{2} = -\kappa G\exp\left(-\frac{\kappa L}{2}\right) \tag{7.11}$$

となる．ここで，式（7.10）は式（7.8）を，式（7.11）は式（7.9）を，B 点（$x = L/2$）について具体的に書き下したものである．

同様にして，A 点（$x = -L/2$）における連続性（x が負の領域）を示す式は，

$$A\cos\frac{\alpha L}{2} - B\sin\frac{\alpha L}{2} = F\exp\left(-\frac{\kappa L}{2}\right) \tag{7.12}$$

および

$$\alpha A\sin\frac{\alpha L}{2} + \alpha B\cos\frac{\alpha L}{2} = \kappa F\exp\left(-\frac{\kappa L}{2}\right) \tag{7.13}$$

となる．

§7.1 方程式と解法　87

> **[Exercise 7.1]** 式 (7.10)～(7.13) を導け．とても簡単な計算なので，億劫がらずに自分で導いて確かめておこう．

さて，ここまでくれば，後は境界条件を表す 4 つの式 (7.10)～(7.13) を使って，最初に解をおいたときに便宜上設定しておいた未知の係数 A，B，F，G を消去すれば，計算は完了することになる．ただし，$A = B = F = G = 0$ という解は意味がないので予め除外しておく．4 つの式を解いて未知数 4 個を求める計算だから，理屈的にはどのように解いても答えは出てくるが，下手な解き方をすると途中の式がぐちゃぐちゃになり，計算間違いを犯す羽目になる．簡単できれいに処理する方法をとるのが賢明である．

そこで，式 (7.10) と式 (7.11) から未知数 G を消去し，同様に，式 (7.12) と式 (7.13) から未知数 F を消去するやり方をとる．

まず，式 (7.10) の両辺に κ を掛けて，式 (7.11) と足し合わせてみよう．少し整理すると次のような式になる．

$$A\left(\kappa \cos \frac{aL}{2} - a \sin \frac{aL}{2}\right) + B\left(\kappa \sin \frac{aL}{2} + a \cos \frac{aL}{2}\right) = 0 \tag{7.14}$$

同様に，式 (7.12) の両辺に κ を掛けて，式 (7.13) を引き算してみると，

$$A\left(\kappa \cos \frac{aL}{2} - a \sin \frac{aL}{2}\right) - B\left(\kappa \sin \frac{aL}{2} + a \cos \frac{aL}{2}\right) = 0 \tag{7.15}$$

が得られる．ここで，

$$\left.\begin{array}{l} X = A\left(\kappa \cos \dfrac{aL}{2} - a \sin \dfrac{aL}{2}\right) \\ Y = B\left(\kappa \sin \dfrac{aL}{2} + a \cos \dfrac{aL}{2}\right) \end{array}\right\} \tag{7.16}$$

とおいてみると，式 (7.14) と (7.15) は次のような非常に簡単な形の式であることに気付く．

$$X + Y = 0 \qquad (7.14)'$$
$$X - Y = 0 \qquad (7.15)'$$

これらの 2 式を満たす解は $X = Y = 0$ 以外にはなく，$X = 0$ かつ $Y = 0$，つまり，

$$\left. \begin{array}{l} A\left(\kappa \cos \dfrac{\alpha L}{2} - \alpha \sin \dfrac{\alpha L}{2}\right) = 0 \\ \qquad \text{かつ} \\ B\left(\kappa \sin \dfrac{\alpha L}{2} + \alpha \cos \dfrac{\alpha L}{2}\right) = 0 \end{array} \right\} \qquad (7.17)$$

が成り立っている．

いずれも $A \times \{\cdots\}$，あるいは $B \times \{\text{---}\}$ がゼロとなっているので，どちらかの要素がゼロになる．$\alpha \neq \kappa$ であることを踏まえて $A = B = 0$ の解を除くと，式 (7.17) から，1 つの答えは $A = 0$ と $\{\text{---}\} = 0$ の解の組合せ，もう 1 つの答えは $B = 0$ と $\{\cdots\} = 0$ の解の組合せになることがわかる．

以上をまとめると，解の組合せは次のようになる．

$$\left. \begin{array}{l} A = 0, \ B \neq 0, \ F = -G \quad \text{のとき} \quad \kappa \sin \dfrac{\alpha L}{2} = -\alpha \cos \dfrac{\alpha L}{2} \\ A \neq 0, \ B = 0, \ F = G \quad \text{のとき} \quad \kappa \cos \dfrac{\alpha L}{2} = \alpha \sin \dfrac{\alpha L}{2} \end{array} \right\}$$
$$(7.18)$$

F と G の関係については，式 (7.10) と式 (7.12) とを照合すればわかることになる．

[**Exercise 7.2**] 式 (7.14)〜(7.18) を導いてみよ．

それでは，式（7.18）を場合分けの条件として，最終的に求められた答えを整理しておく．

（ⅰ） $\tan(\alpha L/2) = \kappa/\alpha$ ならば，

$$\Phi(x) = A\cos\alpha x \qquad \left(|x| \leq \frac{L}{2}\right)$$

$$\Phi(x) = \begin{cases} G\exp(-\kappa x) & \left(x > \dfrac{L}{2}\right) \\ G\exp(\kappa x) & \left(x < -\dfrac{L}{2}\right) \end{cases} \qquad (7.19)$$

このとき，解は偶関数（原点に対して対称的）となる．

（ⅱ） $\tan(\alpha L/2) = -\alpha/\kappa$ ならば，

$$\Phi(x) = B\sin\alpha x \qquad \left(|x| \leq \frac{L}{2}\right)$$

$$\Phi(x) = \begin{cases} G\exp(-\kappa x) & \left(x > \dfrac{L}{2}\right) \\ -G\exp(\kappa x) & \left(x < -\dfrac{L}{2}\right) \end{cases} \qquad (7.20)$$

このとき，解は奇関数（原点に対して反対称的）となる．

以上で得られた結果を図7.2に示しておく．ここまで来ると何を求めていたのかがよくわかるであろう．

一番低いエネルギーをもつ解は cos 形で，井戸の中で波の腹がたった1つしかない関数形となる．次にエネルギーの低い解は sin 形をもち，井戸の中で1回波打つ関数形となる．その次はまた cos 形，さらに次はまた sin 形，というように，波の腹や節の回数を順次多くしながら，偶関数と奇関数が交互に現れるという，「解の偶奇性」が得られる．

第6章で求めた解を思い出してみると，図6.2のように固定端のときの弦の振動と同様の解だったが，井戸の深さ（壁の高さ）が有限である本章の場合，気になる量子特有の解はどの部分に現れたのであろうか？

90   7. 井戸型ポテンシャル

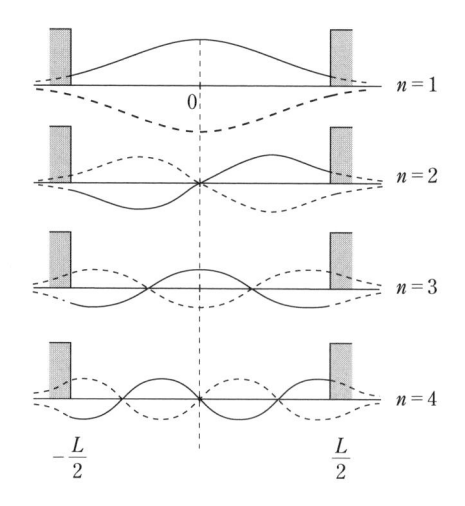

図 7.2

　図 7.2 を見れば，一目瞭然であろう．井戸の外側にまで，波動関数が染み出ているのがわかる．解の存在確率は $|\Phi(x)|^2$ で表されるから，圧倒的に井戸の中の方に波が多く存在しているのは確かだが，粒子が壁の高さより低いエネルギーをもつにもかかわらず，量子の世界にいる粒子は，波動性を利用して井戸の外まで出て行くことができるという驚くべき結果が導かれたのである．

§7.2　井戸型ポテンシャルの物理的考察

　この節では，§7.1 で"井戸型ポテンシャルの問題"を解いて得られた結果について，もう少し突き詰めて物理的考察を深めることにしよう．

　問題設定を振り返ると，パラメーターとなる物理量は，井戸の深さ（壁の高さ）V_0 と井戸の幅 L の 2 つである．両方を同時に変えると訳がわからなくなるので，1 つずつパラメーターを変えて，解である波動関数の形やエネルギー状態がどのように変化するかを見てみることにする．

§7.2 井戸型ポテンシャルの物理的考察

§7.1 で解いた答えを使って数値計算した結果を順次,図 7.3〜7.5 に示していく.シュレディンガー方程式を無次元量で計算するために,エネルギー固有値 E は $\lambda = (2m/\hbar^2)E$ で表してあり,井戸の深さは $(2m/\hbar^2)V_0$ を改めて V_0 とおき直してある.

つまり,式 (7.1)〜(7.2) を,

$$\left.\begin{array}{l} \dfrac{d^2\Phi}{dx^2} + [\lambda - V(x)]\Phi = 0 \\[2mm] V(x) = 0 \quad \left(-\dfrac{L}{2} \leqq x \leqq \dfrac{L}{2}\right) \\[2mm] V(x) = V_0 \quad \left(x < -\dfrac{L}{2},\ x > \dfrac{L}{2}\right) \end{array}\right\} \quad (7.21)$$

とおき換えて,計算したものになる.

まず,図 7.3 は,**井戸の深さを一定値**($V_0 = 1.0$)にして,井戸の幅が広い場合($L = 2$)と狭い場合($L = 1$)について,固有値が最低エネルギー $E(n = 1)$ をもつときの波動関数(固有関数)の形を描いたものである.

エネルギー固有値($n = 1$ なので $\lambda = \lambda_1$ とする)は,井戸の幅が狭い場合の方が大きくなる(井戸の上端近くにまで迫るような高い値をもつ)ことがわかる.そして,井戸の外へ出た途端,指数関数的に減少していくことになる.

また,井戸の幅が広い方が,粒子は井戸の外の遠くまで出て行ける確率が大きいことが見てとれる.

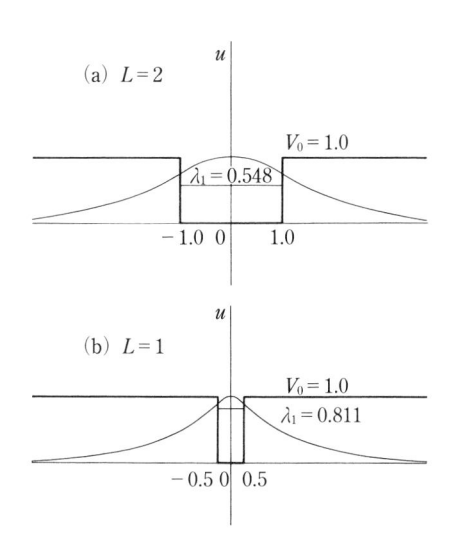

図 7.3 井戸型ポテンシャルの場合の井戸の幅と最低エネルギー固有値,固有関数の関係(x 軸の尺度は任意)(原島 鮮 著:「初等量子力学 (改訂版)」(裳華房) による)

次に，図 7.4 は，**井戸の幅を一定値**（$L = 4$）に保ったまま，井戸の深さを変えてみた場合（$V_0 = 1, 2, 4, 16, 1000$）の計算結果である．

井戸が浅い（V_0 が小さい）ほど，外へ出て行ける確率（波動関数のしみ出し）が大きいことがわかる．井戸が深いと固有関数はこんもりとした形状になり，ほとんど井戸の中に留まることが見てとれる．規格化が成り立っているので，井戸の中と外にある固有関数を合計した面積は常に一定になっている．井戸の深さを順次深くしていくと，エネルギー固有値 λ_1 も大きくなっていくことがわかる．

また，井戸の壁のところで，波動関数とその微分形（導関数）が連続に保たれていることは確かだが，$V_0 = 1000$ の場合のように，井戸があまりにも深いと，粒子が井戸の外へ出て行ける可能性はほとんどゼロになってしまう．このときの解は，第 6 章で壁の高さを無限大にしたときの自由粒子の振舞いと近似的に一致することになる．エネルギー固有値 λ_1 の値で示すと，井戸の中央（$x = 0$）における固有関数の最大値に対して，井戸が深くなるほど迫っていく勢いをもち，λ_1 は高い位置まで行くことがわかるであろう．

最後に図 7.5 に，井戸の幅を $L = 8$，深さを $V_0 = 4$ といずれも一定値に固定したときの**固有関数とエネルギー固有値** λ について，最も安定な基底状態 λ_1 から順次エネルギーの低い順に $n = 1$，$n = 2$，$n = 3$，$n = 4$ の場合（それぞれ λ_1, λ_2, λ_3, λ_4 に対応する）を描いてある．cos 形と sin 形が順次繰り返す「解の偶奇性」が見てとれる．第 6 章で得た答えと見比べると対応がよくわかるが，エネルギー準位 n が 1 つ上がるとともに，固定端の弦の振動のような波の数が 1 つずつ増え，エネルギー固有値 λ の値もだんだん上がっていくことになる．

以上は，$E < V_0$ を条件として，粒子が束縛された環境下（井戸の中）に置かれたときの量子状態を議論してきたが，もし **$E > V_0$** の場合だったら，どのようになるか憶測することができる．$E \gg V_0$ であれば，井戸の存在など影響しないので，全くの自由粒子として扱うことができる．粒子のもつ

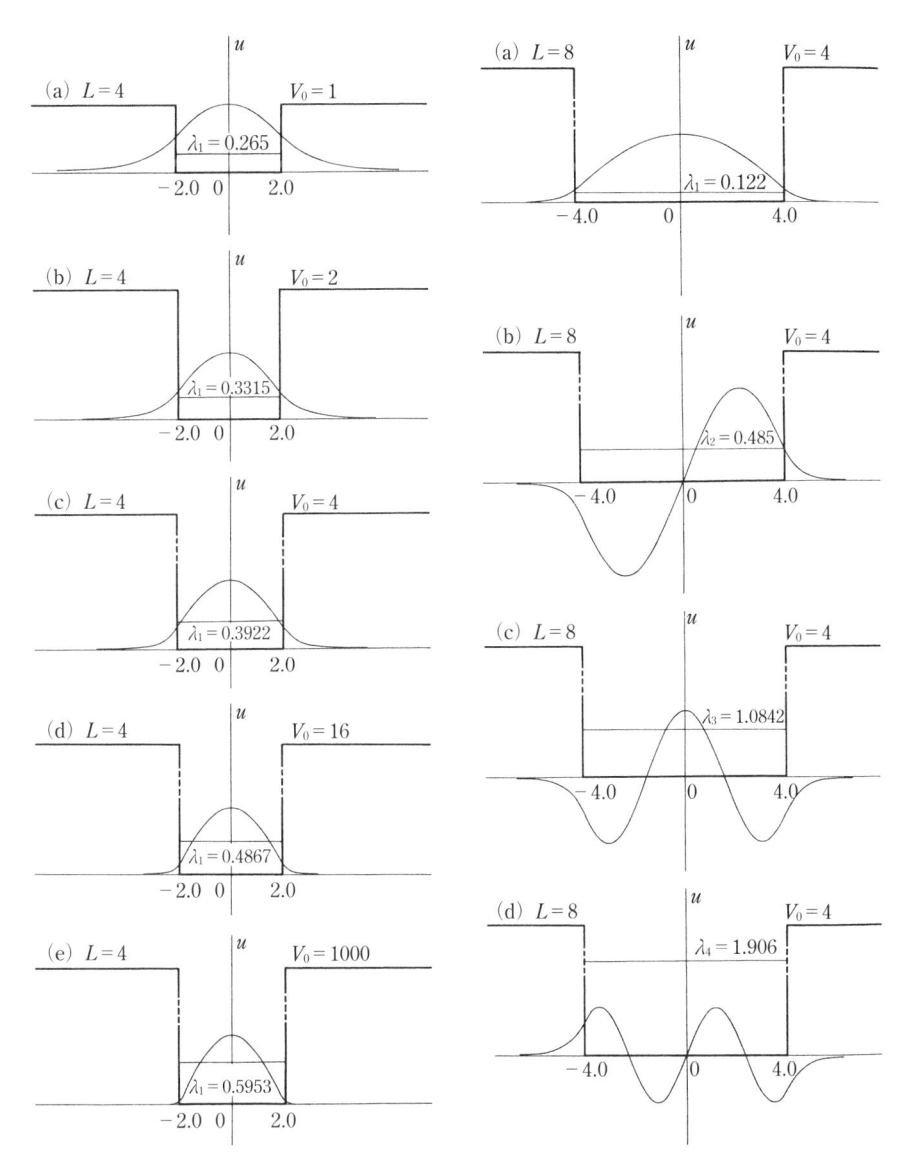

§7.2 井戸型ポテンシャルの物理的考察　93

図 7.4 井戸型ポテンシャルの場合の最低エネルギー固有値と波動関数の井戸の深さに対する関係（波動関数とその導関数は連続）

図 7.5 井戸型ポテンシャルの場合のエネルギー固有値と解の偶奇性

（原島 鮮 著:「初等量子力学 (改訂版)」（裳華房）による）

94   7. 井戸型ポテンシャル

エネルギーが $E \geqq V_0$ で,さほど V_0 より大きくない場合は,井戸の存在(V の値が外より中の方が低い)が影響してきて,井戸の中の存在確率が出てくることになる.それは,波動関数の振幅のために,古典的な粒子の運動とは違って,井戸に引っ掛かって中に存在する可能性があると予想できるからである.

[**Exercise 7.3**] $E > V_0$ として,式 (7.4) 以降の変更を導いてみよ.本文で述べたことが納得できるであろう.

このように見てくると,シュレディンガー方程式を解いたら,結果として得られた答えが何を物語っているのか,解が示している運動の傾向を知る必要があり,数値計算をしてパラメーターを変えながら読み取っていくことが大事なことがわかる.このことは,「解を物理的に考察する」ことになるが,与えられた問題に対して,ここまでで何をやってきたのかを振り返ってみよう.

私たちは調べたい物理現象を目にしたとき,まずそれを数式でどのように表すとよいのかを考えて,関数形を試してみる.それを運動方程式に乗せられたら数学的に解くことができる.しかし,ミクロな世界の粒子(量子)の場合は,運動方程式がシュレディンガーの波動方程式で表され,2階の微分方程式を解いた答えにも量子特有の現象が含まれている.得られた解は固有関数やエネルギー固有値であり,解けた時点で一応,一件落着となる.

ただし,それで終わりかというと,それが果たして元の問題の答えになっているのかどうかをチェックする作業が残っているのである.例えば,パラメーターを入れ替えて数値計算をしてみて結果を比較するとか,どれかの値が大きくなれば,解の傾向はどのように変わるかとか,古典解にはどのような形で近づいていくのか,というような様子を知ることである.解が教えてくれるものはまだまだ潜んでいるので,いろいろと導き出すことが大切なの

である．そして，解の示してくれる傾向が正しければ，元々知りたかった最初の疑問点に対して，直観的にも"なるほど，そういうことか"と納得させられる結果になるはずなので，満足して答えを受け入れることができるであろう．

いい換えると，数式を立てて微分方程式を解く，という数学を使う段階があるので，大学生になってからしか扱えない内容になるが，出てきた答えは，高校までの科学しか学んでいない生徒にも説明できるものでなければならない．「物理的考察」とは，決して難しいことを要求しているのではなく，"素朴な疑問に答えられたか？"という原点に戻れ，ということである．

最近では，「量子論」や「量子力学」という科目を積極的に履修させるような傾向になってきている一方で，工学部で見られるように，半年間で習得してしまわなければならないケースも多い．その限られた時間の中で，少しでも多くの学生諸君に興味を持って読んでもらいたい，ぜひとも自ら学んでほしい，習熟しておいてほしいと思う内容は厳選する必要があり，それが，ここまでの章だといえるであろう．

この後の章は量子論の応用問題に相当するので，物質（材料）科学系や電気・電子系でよく登場する問題ではあるが，"数学力を使って解く"という過程に翻弄されないように注意しながら学習してもらいたい．完璧に解けなくても構わないので，むしろ結果として得られた答えの意味することを知る，納得する，そして使いこなす，ことの方に重点を置いてもらいたい．そして，それらの結果はやたら重宝されており，"物性物理"，"物質科学"，"半導体工学"，"電子工学"等々，いたるところで，出発点の知識としてお目見えするものである．その原点はこれまで述べた"量子論"であり，**シュレディンガーの波動方程式を立てて解いた結果**の答えであったということを確認するために，以下の第8～10章を適宜学習してもらいたい．

8. 山型ポテンシャル
—トンネル効果—

本章では，第7章で扱った井戸型ポテンシャルの場合と同様に，ポテンシャルの高さ V が有限で一定値をもつ場合を扱うが，これが，厳密に解けるもう1つの例である．諸君が普通に数学を使って定性的な解を出すことができ，答えを導けるのは，このような $V=$ 一定となるケースだけなので，シュレディンガー方程式を自力で解く演習としては最後の問題といえる．しかし，粒子の束縛される条件が前章の井戸型ポテンシャルとは異なるので，数学的には少し厄介になる．

§8.1 階段型ポテンシャル

いきなり山型ポテンシャルの問題を解く前に，この節では準備がてら，ポテンシャルの壁（階段型ポテンシャル）が存在するところへ粒子が飛んできたときにどのような運動になるのか，はたして量子特有の解が出るのか，を考えてみることにする．

図8.1にポテンシャル V の形を示すが，領域を2つに分けて，

$$\left.\begin{array}{ll} V(x) = 0 & (x < 0) \\ V(x) = V_0 & (x \geq 0) \end{array}\right\} \quad (8.1)$$

で与える．

これは，第6章での壁の高さが有限

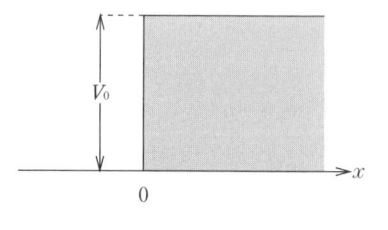

図 8.1 階段型ポテンシャル

な場合に, $x = -\infty$ の遠方から飛んでくる粒子が壁に衝突した後, どのようになるかを解く問題である.

シュレディンガー方程式は,

$$-\frac{\hbar^2}{2m}\frac{d^2u}{dx^2} = Eu \qquad (x < 0) \tag{8.2}$$

$$-\frac{\hbar^2}{2m}\frac{d^2u}{dx^2} + V_0 u = Eu \qquad (x \geq 0) \tag{8.3}$$

となる.

(1) $E > V_0$ の場合

§6.1 や §7.1 同様, それぞれの領域の解は一般に次のように与えられる.

$$u(x) = Ae^{ikx} + Be^{-ikx} \qquad (x < 0) \tag{8.4}$$

$$u(x) = Ce^{i\alpha x} \qquad (x \geq 0) \tag{8.5}$$

ただし, $k = \sqrt{2mE}/\hbar$ および $\alpha = \sqrt{2m(E-V_0)}/\hbar$ とおいてある. また, $x \geq 0$ の領域では x の負の方向へ運動する要因がないので, 第1項しかないことに注意しよう.

境界条件は, $x = 0$ において $u(x)$ と $du(x)/dx$ が連続になることなので, 式で書くと,

$$A + B = C \tag{8.6}$$

$$k(A - B) = \alpha C \tag{8.7}$$

となる. 簡単な連立方程式なのですぐに解けて, B と C を A で表すと,

$$B = \frac{k-\alpha}{k+\alpha}A, \quad C = \frac{2k}{k+\alpha}A \tag{8.8}$$

が得られる.

式 (8.4) において, A は入射波の振幅, B は反射波の振幅であるから, $|B/A|^2$ は反射率を, また, 式 (8.5) において C は透過波の振幅なので, $(\alpha/k)|C/A|^2$ は透過率を表すことになる. (壁の中では粒子の速度が変わるので, 確率密度の流れを考えると, 透過率は単に $|C/A|^2$ ではなく, α/k が掛かる. これにより, 反射率 + 透過率 = 1 となる.)

$$\left.\begin{array}{l}\left|\dfrac{B}{A}\right|^2 = \left(\dfrac{k-\alpha}{k+\alpha}\right)^2 \\[2mm] \dfrac{\alpha}{k}\left|\dfrac{C}{A}\right|^2 = \dfrac{4k\alpha}{(k+\alpha)^2}\end{array}\right\} \tag{8.9}$$

このように,古典力学では,反射率 = 0,透過率 = 1 となるはずであるが,量子力学の解はそうはならない.しかし,反射率と透過率の和は確かに 1 になっている.

もし,ポテンシャルの壁が低くて $V_0 \to 0$ とすると $\alpha \to k$ となるので,反射波の振幅はゼロになり,透過波は入射波そのものになる.つまり,障害物はなく,波は素通りすることがわかる.

(2) $E < V_0$ の場合

今度は,飛んでくる粒子のエネルギーがポテンシャルの階段より小さい場合を考える.古典力学なら粒子は壁にぶつかり,全部反射するだけであるが,もし $x > 0$ の領域に粒子の見出される確率が出てきたら,量子特有の解が得られたことになる.

(1)のときと異なり,解は次のように与えられる.

$$u(x) = Ae^{ikx} + Be^{-ikx} \quad (x < 0) \tag{8.10}$$

$$u(x) = Ce^{-\alpha x} \quad (x \geqq 0) \tag{8.11}$$

ただし,$k = \sqrt{2mE}/\hbar$ は(1)と同じであるが,$\alpha = \sqrt{2m(V_0 - E)}/\hbar$ とおき直してある.式 (8.11) は,$x \to \infty$ で解が発散することのないようにとってある.

(1)のときと同様に,境界条件を入れた結果,B, C を A で表すと,

$$B = \frac{ik + \alpha}{ik - \alpha}A, \quad C = \frac{2ik}{ik - \alpha}A \tag{8.12}$$

が得られる.古典解では文句なしに反射率 = 1,透過率 = 0 となるはずであるが,得られた式 (8.12) から,階段の中($x > 0$)にも波動関数は入り込んでおり,粒子の見出される確率はゼロでないことになり,確かに量子解の特徴を確認することができたことになる.

これで，山型ポテンシャルを解く準備は十分にできたであろう．

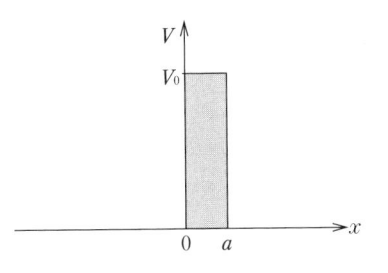

§8.2 山型ポテンシャルの解

山型の問題は，井戸型とは逆に，図8.2に示すようなポテンシャルの山が障害物として存在し，運動する粒子の行く手を阻む場合の計算問題である．これは，前節の階段型ポテンシャルの応用問題であるが，外からその壁に向かって飛んで来た粒子が，壁の高さや厚みが有限な場合には，その後どのような運動が可能になるかを求める点で新たな例題となる．ここで，ポテンシャル V の値は次のように与えられるものとする．

図 8.2 山型ポテンシャル

$$
\left.
\begin{array}{ll}
V(x) = 0 & (x \leq 0) \\
V(x) = V_0 & (0 < x < a) \\
V(x) = 0 & (x \geq a)
\end{array}
\right\} \tag{8.13}
$$

左の無限遠方 $(x = -\infty)$ から飛んで来る粒子の運動方程式を立てるが，まず $E > V_0$ の場合について解き，後で $E < V_0$ の場合の解を求めることにする．

（1） $E > V_0$ の場合

粒子の波動関数を $u(x)$ とすると，シュレディンガー方程式は，式(7.1)，(7.2)にならって次のように表すことができる．

$$
-\frac{\hbar^2}{2m}\frac{d^2u}{dx^2} = Eu \qquad (x \leq 0) \tag{8.14}
$$

$$-\frac{\hbar^2}{2m}\frac{d^2u}{dx^2} + V_0 u = Eu \qquad (0 < x < a) \qquad (8.15)$$

$$-\frac{\hbar^2}{2m}\frac{d^2u}{dx^2} = Eu \qquad (x \geqq a) \qquad (8.16)$$

この問題では，領域は式 (8.14)～(8.16) で示す 3 つの場合に分けられるが，§8.1 を参考にして，それぞれの領域における解の形を仮定すると，

$$u(x) = Ae^{ikx} + Be^{-ikx} \qquad (x \leqq 0) \qquad (8.17)$$

$$u(x) = Ce^{iax} + De^{-iax} \qquad (0 < x < a) \qquad (8.18)$$

$$u(x) = Fe^{ikx} \qquad (x \geqq a) \qquad (8.19)$$

と書くことができる．ただし，$k = \sqrt{2mE}/\hbar$ および $a = \sqrt{2m(E-V_0)}/\hbar$ とおいてある．解の設定の仕方には諸君も慣れてきたであろうが，注意しないといけない点があるので，各項の意味を考えておこう．

式 (8.17) の第 1 項は，x が正のとき右方向へ進む波の形であるから**入射波**を表し，第 2 項は，壁にぶつかって跳ね返り，x の負方向に戻っていく**反射波**を表している．

次に，式 (8.18) の第 1 項と第 2 項は，同様に右方向と左方向へ進む波を表すが，山（壁）の中に入り込んだ波について描いているので，$x \leqq 0$ の領域とは波の振幅を変えておく．

最後に，$x \geqq a$ の領域の解を示す式 (8.19) であるが，これは山（壁）を通り抜けて出て来た波，つまり**透過波**を表しているので，x の正方向のみ存在し，負方向の解はないことに注意しておこう．領域 $x \leqq 0$ と $x \geqq a$ とはポテンシャル V が同じなので k の定義も同じになるが，現実に起こりえない項を設定しないように注意したい．

さて，次に**境界条件**の式をつくることになるが，$x = 0$ と $x = a$ の 2 箇所において，波動関数 $u(x)$ の値およびその導関数 du/dx が一致することが，なめらかに繋がるという連続性の条件式になる．

§8.2 山型ポテンシャルの解　　101

$x = 0$ での条件：
$$A + B = C + D \tag{8.20}$$
$$k(A - B) = \alpha(C - D) \tag{8.21}$$

$x = a$ での条件：
$$Ce^{i\alpha a} + De^{-i\alpha a} = Fe^{ika} \tag{8.22}$$
$$\alpha(Ce^{i\alpha a} - De^{-i\alpha a}) = kFe^{ika} \tag{8.23}$$

という 4 つの式が，境界条件から求められる式となる．

さて，シュレディンガー方程式 (8.14)〜(8.16) を立てて解いた際，持ち込んだ未知数は A, B, C, D, F の 5 個であったが，どの波も，最初の入射波に対してどのくらい振幅の異なる波に変身したのかが問題なので，B/A, C/A, D/A, F/A の 4 つを未知数とすればよいことがわかる．

したがって，式 (8.20)〜(8.23) の 4 つの式を解くことにより，未知数は 4 つとも求められるのだが，その中で大事な量である B/A と F/A を計算することにする．その理由は，振幅 C や D は山の中に入ってそこにいるときの解であるが，最後まで中に留まって残る解は存在しないので，最初に入って来た入射波は，最終的には山にぶつかって戻って行く反射波と，山を通過して出て行く透過波の 2 つになるからである．

少し計算は厄介かもしれないが，以下のような結果が得られるので，挑戦して解いておこう．

$$\frac{B}{A} = \frac{(k^2 - \alpha^2)(1 - e^{2i\alpha a})}{(k + \alpha)^2 - (k - \alpha)^2 e^{2i\alpha a}} \tag{8.24}$$

$$\frac{F}{A} = \frac{4k\alpha e^{i(\alpha - k)a}}{(k + \alpha)^2 - (k - \alpha)^2 e^{2i\alpha a}} \tag{8.25}$$

したがって，

反射率：$\left|\dfrac{B}{A}\right|^2 = \left[1 + \dfrac{4E(E - V_0)}{V_0^2 \sin^2 \alpha a}\right]^{-1}$ (8.26)

透過率：$\left|\dfrac{F}{A}\right|^2 = \left[1 + \dfrac{V_0^2 \sin^2 \alpha a}{4E(E - V_0)}\right]^{-1}$ (8.27)

となるので，以下のように確率を足すと，必ず1になっていることを確認しておきたい．

$$\left|\frac{B}{A}\right|^2 + \left|\frac{F}{A}\right|^2 = 1 \tag{8.28}$$

そして，この式（**反射率**と**透過率**の和はいつも1である）が成り立っているかどうかが，解のチェックポイントとなる．

[**Exercise 8.1**] 式 (8.24)および式 (8.25) を導いてみよ．

以上で $E > V_0$ の場合の解は得られたので，次にもう1つの場合である $E < V_0$ を考えてみることにする．

（2） $E < V_0$ の場合

シュレディンガー方程式は $E > V_0$ の場合と全く同じなので，何が異なるのかを考えると解決が早い．

$0 < x < a$ の領域において，解を仮定した式 (8.18) を $E < V_0$ の場合に対応するように直す必要がある．そこで，

$$u(x) = Ce^{iax} + De^{-iax} \tag{8.18}$$

の式において $a \to i\kappa$ と変換すれば，後の式は（1）の場合と全く同様に用いることができる．ここで，$\kappa = \sqrt{2m(V_0 - E)}/\hbar$ とおくことは，先の式 (7.5) と全く同じである．

透過率を求めると，

$$\left|\frac{F}{A}\right|^2 = \left[1 + \frac{V_0^2 \sinh^2(\kappa a)}{4E(V_0 - E)}\right]^{-1} \neq 0 \tag{8.29}$$

となる．

反射率と透過率の式は，$E > V_0$ の場合と一見似ているが，三角関数 sin が sinh（sin‐hyperbolic，サイン・ハイパボリックと読む）関数

$$\sinh(x) = \frac{e^x - e^{-x}}{2}$$

に変化していることに注意しておこう．α が κ にすり替わっただけで，結果的に同様な式におさまっていることがわかる．

（ここで，hyperbolic という関数は大学の物理（解析力学など）でよく使われるので，知っておくと便利である．cosh (cos-hyperbolic, コサイン・ハイポバリック) 関数は

$$\cosh(x) = \frac{e^x + e^{-x}}{2}$$

であり，sinh とは

$$\cosh^2(x) - \sinh^2(x) = 1$$

の関係にある．）

ただし，この $E < V_0$ の場合に得られた透過率は，大変重要な情報を教えてくれる．元々粒子のエネルギーが，ポテンシャルの山の高さより小さいにもかかわらず，透過率がゼロでない解が得られたという点である．すなわち，山があるにもかかわらず，すり抜けてしまう波があるということを意味しており，**トンネル効果**とよばれる．これはまさしく量子に特有の解が求められた結果である．

🔑 トンネル効果

このことをもう少し詳しく見てみるために，縦軸に透過率をとり，横軸に E/V_0 をとって，どのようなことが起こっているかを図示してみると，図 8.3 のようになる．計算は，パラメーターを $P = mV_0 a^2/\hbar^2$ とおいて実行したものである．

注目すべき点は，$E/V_0 > 1$ において，$\alpha a = \pi, 2\pi, 3\pi, \cdots$ というように，波の波長 $\lambda = 2\pi/\alpha$ が特定の値をとるところ，つまり $n\lambda/2 = a$ を満たすとき，透過率が必ず 1 になることである．つまり，山の幅 a が半波長の整数倍になるところでは反射はいっさい起こらず，すべての波が山をすり抜けて透過してしまう，という奇妙なことが定期的に起こるのである．

8. 山型ポテンシャル

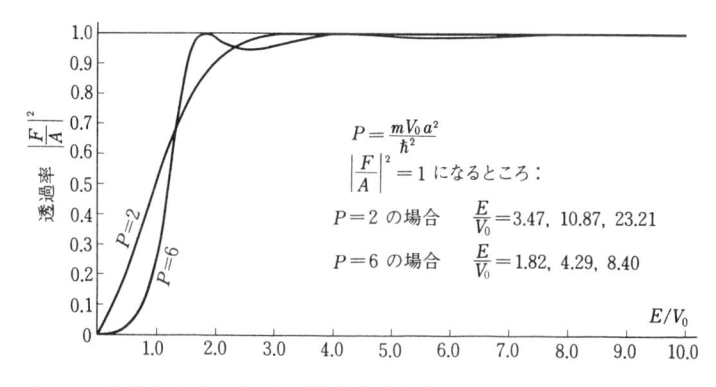

図 8.3 透過率（原島 鮮 著：『初等量子力学 (改訂版)』（裳華房）による）

図中:
$$P = \frac{mV_0 a^2}{\hbar^2}$$
$\left|\dfrac{F}{A}\right|^2 = 1$ になるところ：

$P = 2$ の場合　$\dfrac{E}{V_0} = 3.47, \ 10.87, \ 23.21$

$P = 6$ の場合　$\dfrac{E}{V_0} = 1.82, \ 4.29, \ 8.40$

E/V_0 が大きくなるにつれて，ほとんど全部の波が山を障害とせず通過してしまうのは当然のことであり，縦軸の透過率がいつも1になるのは直観と合致する結果である．しかし，$E < V_0$ でも透過率が出て来ること（固有関数 $\neq 0$ の解になる）や，$E > V_0$ のとき透過率が1になるところが定期的に現れる，という現象は日常の感覚では捉えにくく，さすがに量子効果の成せるわざだと感心させられる．図8.3の意味することを十分に読みとることが大事である．

9. 調和振動子
― 物性物理における汎用例 ―

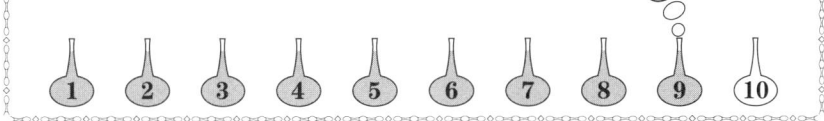

理工系で量子論を活用する分野の中で，物性物理学や電気・電子工学を学んでいる諸君が頻繁にお目にかかる問題がある．それは，半導体，磁性体，誘電体，などという物質の物理的性質を学ぶ際に基盤となるもの，すなわち原子の並び（結晶格子）の運動である．物質を構成している原子（何種類かで構成する場合が多い）は，訳あって，ある位置を"居心地がいい"と見なし，安定点（平衡位置）を保っている．これが結晶格子であるが，その基本になるものは，力学で学んだ単振動の問題である．本章では，その量子解を求める．

§9.1 調和振動子の運動方程式

図9.1(a) のように，質量 m のおもり1個がバネ（バネ定数 k）に繋がれているとき，バネによるおもりの振動を運動方程式で解くと，x だけ変位したおもりの運動は古典物理の範囲で簡単に求めることができる．

$$m\frac{d^2x}{dt^2} = -kx \tag{9.1}$$

(a) バネの振動   (b) 1次元の調和振動子

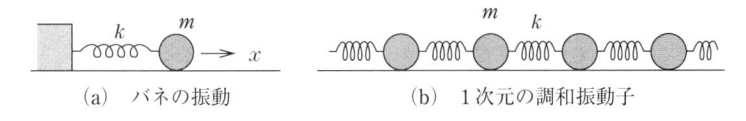

図 9.1 調和振動子

を解くと，その解は

$$x = A \sin(\omega t + \phi) \tag{9.2}$$

という単振動（角振動数 ω）の式になる．ただし，$\omega = \sqrt{k/m}$，ϕ は $t = 0$ における位相である．

式 (9.1) と表せるのは，運動方程式 $ma = F$（a は加速度，力 F はフックの法則が成り立つ範囲でバネ定数 k に比例し，変位した x とは逆向きに戻そうとしてはたらく）において，$F = -kx$ と書けるからである．

§2.1 でもふれたように，力 F とポテンシャル V の関係は

$$F = -\frac{\partial V}{\partial x} \quad (-\mathrm{grad}\, V \text{ と書いてもよい}) \tag{9.3}$$

で与えられるので，$-kx$ を与える F に相当する V は $V = (1/2)kx^2$ となる．バネ定数 k がわからない場合は振動数 ω を使って表せばよいので，

$$V = \frac{1}{2} m\omega^2 x^2 \tag{9.4}$$

と書くと，一般的なポテンシャルの形となる．

また，全エネルギーは運動エネルギーと位置エネルギーの和で表せるので，

$$\begin{aligned}E &= \frac{m}{2}\left(\frac{dx}{dt}\right)^2 + \frac{1}{2}m\omega^2 x^2 \\ &= \frac{1}{2} m\omega^2 A^2\end{aligned} \tag{9.5}$$

となり，一定の値であることがわかる．式 (9.5) の最後の形を導くには式 (9.2) を使ってある．

以上のよく知られた単振動の問題（図 9.1(a)）を応用し，同じ質量 m をもつ粒子として"原子"を 1 次元に並べ（図 9.1(b)），x 方向のみの振動に限って扱うことにより，「1 次元の調和振動子」の問題が解けるのである．

調和振動子とは，式 (9.4) のように $V \propto x^2$ のポテンシャルに従う粒子のことであるが，固体内では，原子は単独に振動するのではなく，隣の原子と互いに影響し合って，調和をとりながら自らの振動の様子を決めているの

で，そういう粒子を指している．

ただし，この場合も，原子はミクロな世界の粒子なので，おもりの場合のように古典的には扱わず，シュレディンガー方程式 (5.25) に代入して量子としての運動を解くことになる．

まず，ハミルトニアン H は，

$$H = -\frac{\hbar^2}{2m}\frac{d^2}{dx^2} + \frac{1}{2}m\omega^2 x^2 \tag{9.6}$$

と表せるので，シュレディンガー方程式 $H u(x) = E u(x)$ を使うと，少し変形した結果，次のような式が得られる．

$$\frac{d^2 u}{dx^2} + \frac{2m}{\hbar^2}\left(E - \frac{1}{2}m\omega^2 x^2\right)u = 0 \tag{9.7}$$

このとき境界条件とは，$x = \pm\infty$ のとき $u(x) \to 0$ となることである．

§9.2　調和振動子の解

さて，ここで次のようなおき換えをしてみる．

$$\frac{2E}{\hbar\omega} = \lambda, \quad \sqrt{\frac{m\omega}{\hbar}} = \alpha, \quad \alpha x = \xi \tag{9.8}$$

λ と ξ は，次元をなくすためのおき換えである．式 (9.8) を用いて式 (9.7) を書き換えると，

$$\alpha^2 \frac{d^2 u}{d\xi^2} + (\lambda\alpha^2 - \alpha^2 \xi^2)u = 0 \tag{9.9}$$

が得られるので，解くべき式は，次のような $u(\xi)$ に関する微分方程式となる．

$$\left.\begin{array}{l}\dfrac{d^2 u}{d\xi^2} + (\lambda - \xi^2)u = 0 \\ \xi = \pm\infty;\quad u(\xi) \to 0\end{array}\right\} \tag{9.10}$$

しかし，これを解くのは容易ではない．そこでまず，$u(\xi)$ の概略の形を知るために，$|\xi| \to \infty$ のときの**漸近解**（極限でこの解に近づく）を求めて

9. 調和振動子

みることにする.

このとき $\lambda \ll \xi^2$ となるので λ は無視できて，式 (9.10) は，

$$\frac{d^2 u}{d\xi^2} = \xi^2 u \tag{9.11}$$

と近似できる．この解を仮に，

$$u(\xi) = \xi^n \exp\left(\pm \frac{\xi^2}{2}\right) \quad (n：整数) \tag{9.12}$$

とおいて，式 (9.11) が満足されるかどうかを試してみると，

$$\frac{du}{d\xi} = (n\xi^{n-1} \pm \xi^{n+1}) \exp\left(\pm \frac{\xi^2}{2}\right)$$

$$\frac{d^2 u}{d\xi^2} = \{n(n-1)\xi^{n-2} \pm (2n+1)\xi^n + \xi^{n+2}\} \exp\left(\pm \frac{\xi^2}{2}\right)$$

となるが，$|\xi|$ が大きいので，べき数の大きい ξ^{n+2} の項が残ることになる．よって，式 (9.11) は満足されることがわかり，式 (9.12) は式 (9.11) の漸近解といえる．ただし，$\xi \to \pm\infty$ で $u(\xi) \to 0$ となるためには，式 (9.12) のうち，

$$u(\xi) = \xi^n \exp\left(-\frac{\xi^2}{2}\right) \tag{9.13}$$

の方を採用すべきである．

さて，**漸近解** (9.13) を念頭においた上で，式 (9.10) の解を見つけることになる．これから先の解法は少し英断を要するが，結果は極めてシンプルな式におさまるので，ざっと追っておくとよい．この解を，仮に，

$$u(\xi) = H(\xi) \exp\left(-\frac{\xi^2}{2}\right) \tag{9.14}$$

と書くことにする．$H(\xi)$ とは ξ の多項式という意味で一般的に表してあるが，これからの計算過程で具体的に求めることになる．

先ほどの漸近解を求めたときと同様に，式 (9.14) から

$$\frac{du}{d\xi} = \left(\frac{dH}{d\xi} - H\xi\right) \exp\left(-\frac{\xi^2}{2}\right)$$

$$\frac{d^2 u}{d\xi^2} = \left(\frac{d^2 H}{d\xi^2} - 2\xi \frac{dH}{d\xi} + H\xi^2 - H\right) \exp\left(-\frac{\xi^2}{2}\right)$$

が求められるので，式 (9.10) に代入して整理すると，

$$\frac{d^2 H}{d\xi^2} - 2\xi \frac{dH}{d\xi} + (\lambda - 1) H = 0 \tag{9.15}$$

が得られる．これが，$H(\xi)$ の満足すべき方程式である．

$H(\xi)$ としては，

$$H(\xi) = \xi^s (a_0 + a_1 \xi + a_2 \xi^2 + \cdots) \tag{9.16}$$

とおいて一般性を失わない．ただし，$a_0 \neq 0$, $s \geqq 0$ である．

この $H(\xi)$ を用いて，$dH/d\xi$, $\xi\, dH/d\xi$ および $d^2 H/d\xi^2$ を計算すると，以下のようになる．

$$\frac{dH}{d\xi} = s a_0 \xi^{s-1} + (s+1) a_1 \xi^s + (s+2) a_2 \xi^{s+1} + \cdots$$

$$\xi \frac{dH}{d\xi} = s a_0 \xi^s + (s+1) a_1 \xi^{s+1} + (s+2) a_2 \xi^{s+2} + \cdots$$

$$\frac{d^2 H}{d\xi^2} = s(s-1) a_0 \xi^{s-2} + (s+1) s a_1 \xi^{s-1} + (s+2)(s+1) a_2 \xi^s + \cdots$$

これらを式 (9.15) に代入し，べき数ごとに，その係数の間に成り立つ関係式を求めると，次のように整理することができる．

ξ^{s-2} の係数： $s(s-1) a_0 = 0$ \hfill (9.17 a)

ξ^{s-1} の係数： $(s+1) s a_1 = 0$ \hfill (9.17 b)

ξ^s の係数： $(s+2)(s+1) a_2 - (2s + 1 - \lambda) a_0 = 0$ \hfill (9.17 c)

ξ^{s+1} の係数： $(s+3)(s+2) a_3 - (2s + 3 - \lambda) a_1 = 0$ \hfill (9.17 d)

$$\vdots$$

$\xi^{s+\nu}$ の係数： $(s+\nu+2)(s+\nu+1) a_{\nu+2} - (2s + 2\nu + 1 - \lambda) a_\nu = 0$

\hfill (9.17 e)

これらの関係式を同時に満たす解が要求されるが，$H(\xi)$ が無限級数になると境界条件を満足しなくなるので，有限項で終わるようにしなければならない．まず，式 (9.17 a) において，$a_0 \neq 0$ であるから s の値としては，

9. 調和振動子

$$s = 0 \quad もしくは \quad s = 1$$

が許されることになる．次に，式 (9.17b) から，$s = 0$ の場合は $a_1 \neq 0$ で無限に項が続いてしまう．$s = 1$ の場合には $a_1 = 0$ となり，式 (9.17) から連鎖反応的に $a_3 = a_5 = a_7 = \cdots = 0$ となり，$H(\xi) = a_0\xi + a_2\xi^3 + a_4\xi^5 + \cdots$ が得られる．

式 (9.14) が境界条件の式 (9.10) を満たすためには，式 (9.16) の $H(\xi)$ は有限項で終わる多項式であるべきなので，$a_0 \neq 0$ であるが，a_ν（ν：偶数）の係数はどこかでゼロになる必要がある．そのことを式 (9.17e) に要求すると，

$$\lambda = 2s + 2\nu + 1 \quad (\nu：偶数) \tag{9.18}$$

を満たすとき，式 (9.10) の境界条件は満足されることになる．よって，

$$s = 0 のとき \quad \lambda = 1, 5, 9, \cdots$$
$$s = 1 のとき \quad \lambda = 3, 7, \cdots$$

となり，いずれにせよ全部奇数であることがわかる．つまり，改めて

$$\lambda = 2n + 1 \quad (n = 0, 1, 2, \cdots) \tag{9.19}$$

と表せることになるから，エネルギーは，

$$E_n = \frac{\hbar\omega}{2}\lambda = \left(n + \frac{1}{2}\right)\hbar\omega \quad (n = 0, 1, 2, \cdots) \tag{9.20}$$

という一般形になるのである．

具体的に書くと，最低エネルギーは $E_0 = (1/2)\hbar\omega$，次は $E_1 = (3/2)\hbar\omega$，$E_2 = (5/2)\hbar\omega$，…というように，等間隔のとびとびの値が得られることがわかる．この E_0 は**零点振動エネルギー**とよばれる．それぞれの波動関数を描いてみると，図 9.2 のようになる．

最終的に求めたいものは，バネの振動を表すポテンシャルに対して，どのエネルギーのところにどのような波動関数をもつのかということであり，それを描いたのが図 9.3 である．

図 9.3(a) に示すのは，古典的な振動範囲とそのときのエネルギーである

図 9.2

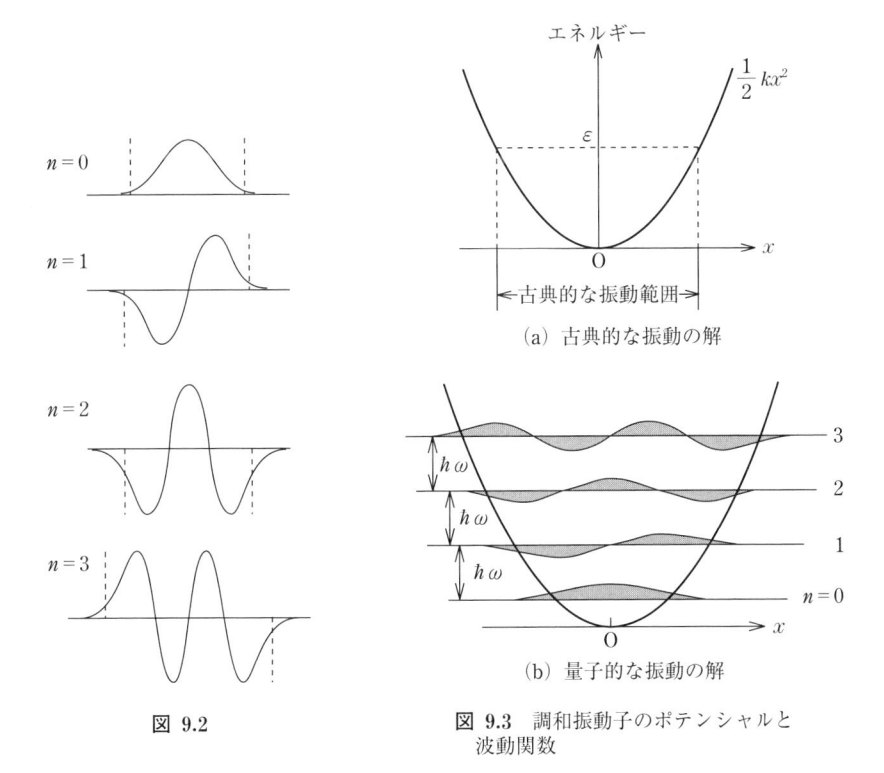

図 9.3 調和振動子のポテンシャルと波動関数

(a) 古典的な振動の解

(b) 量子的な振動の解

が,量子解では,図 9.3(b) に見られるように,零点エネルギー E_0 ($n=0$)(エネルギー値はゼロでない)と,そこから等間隔にとびとびに上がったエネルギー準位だけをもち,それぞれの波動関数はポテンシャル $(1/2)kx^2$ の内側だけでなく,外側にもはみ出した解をもつものになる.

10. 中心力場の中の粒子

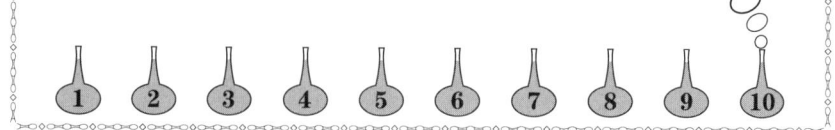

本章では，第Ⅰ部で一番初めに解いた「水素原子中の電子の運動」を思い起こしてみることにする．動径方向の解となる，原子核からの距離のみが知りたい問題ならば，いとも簡単に解けて，ボーア半径が求まったはずである．しかし，電子は決して固定された円板上で軌道を描いて回っているわけではなく，円軌道の面だけとらえてもさまざまな方向が可能なことを考えると，3次元の方向性を入れてきちんと解き直す必要がある．真面目に解くには計算が厄介なので最後の章に回したが，求められた結果は電子のs, p, d, … 軌道というなじみのあるもので，科学で習う周知の知見になる．

§10.1 中心力場

まず，原子の中に束縛された電子の運動のように，電子が原子核からの力である"中心力の場"の中にいるときは，これまでのような直交座標(x, y, z)の代わりに，極座標(r, θ, ϕ)を用いた方が便利である．そこで，この節では，極座標を用いたシュレディンガー方程式を求めておこう．

ポテンシャルが原点からの距離rだけで書ける関数$V(r)$を用いると，時間を含まない3次元のシュレディンガー方程式は，式 (5.25)′ から，

$$\left\{-\frac{\hbar^2}{2m}\left(\frac{\partial^2}{\partial x^2} + \frac{\partial^2}{\partial y^2} + \frac{\partial^2}{\partial z^2}\right) + V(r)\right\}\Phi(r) = E\,\Phi(r) \quad (10.1)$$

と記述することができる．

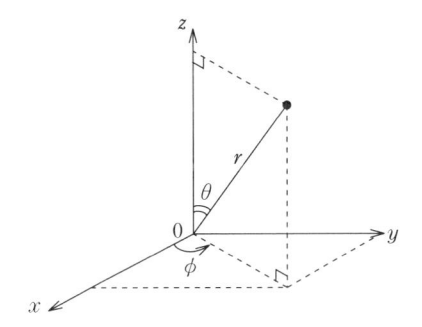

図 10.1 極座標

図 10.1 に示すように，極座標 (r, θ, ϕ) は直交座標 (x, y, z) と，

$$\left.\begin{array}{l} x = r\sin\theta\cos\phi \\ y = r\sin\theta\sin\phi \\ z = r\cos\theta \end{array}\right\} \tag{10.2}$$

の関係で結ばれているので，式 (10.1) の $\partial^2/\partial x^2$ 等の演算子も，変数 r, θ, ϕ を用いて書き直す必要がある．

その計算に入る前に，直交座標（積分範囲は $-\infty$ から ∞ まで）を極座標に変換した場合，3次元の空間積分がどのように変換されるかを知っておく必要がある．5.1.2 の項でもふれたように，それは式 (10.2) からすぐに導けるが，頻繁に出てくるので，結果を覚えておくと便利である．

$$\iiint \cdots dx\, dy\, dz \quad \to \quad \iiint \cdots r^2\, dr\, \sin\theta\, d\theta\, d\phi$$

積分範囲は，

r について： 0 から ∞ まで
θ について： 0 から π まで
ϕ について： 0 から 2π まで

である．

また，図 10.2 に積分の体積素片を示してあるので，座標変換の数学計算をするより，この図から空間積分の形 $r^2\sin\theta\, dr\, d\theta\, d\phi$ を理解する方が簡

10. 中心力場の中の粒子

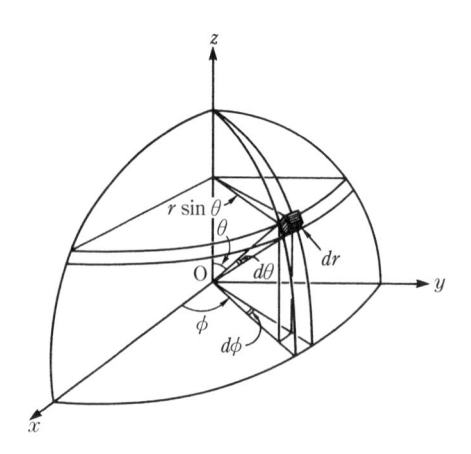

図 10.2 極座標による微小体積素片
$r^2 \sin\theta \, dr \, d\theta \, d\phi \, (= dr \cdot r \, d\theta \cdot r \sin\theta \, d\phi)$

単で，一度納得したら忘れない変形であろう．

さて，本論に戻ると，$\partial^2/\partial x^2$ 等の求め方は以下のとおりである．まず，1 階微分について，

$$\left.\begin{aligned}\frac{\partial}{\partial x} &= \frac{\partial r}{\partial x}\frac{\partial}{\partial r} + \frac{\partial \theta}{\partial x}\frac{\partial}{\partial \theta} + \frac{\partial \phi}{\partial x}\frac{\partial}{\partial \phi} \\ \frac{\partial}{\partial y} &= \frac{\partial r}{\partial y}\frac{\partial}{\partial r} + \frac{\partial \theta}{\partial y}\frac{\partial}{\partial \theta} + \frac{\partial \phi}{\partial y}\frac{\partial}{\partial \phi} \\ \frac{\partial}{\partial z} &= \frac{\partial r}{\partial z}\frac{\partial}{\partial r} + \frac{\partial \theta}{\partial z}\frac{\partial}{\partial \theta} + \frac{\partial \phi}{\partial z}\frac{\partial}{\partial \phi}\end{aligned}\right\} \quad (10.3)$$

と書き直す．

次に，右辺にある各要素を求めておくと，式 (10.2) から，

$$x^2 + y^2 + z^2 = r^2, \quad \frac{x^2+y^2}{z^2} = \tan^2\theta, \quad \frac{y}{x} = \tan\phi$$

が得られるので，それぞれの式を偏微分することにより，以下の式が求められる．

$$\left.\begin{array}{l}\dfrac{\partial r}{\partial x} = \dfrac{x}{r} = \sin\theta\cos\phi \\[4pt] \dfrac{\partial r}{\partial y} = \dfrac{y}{r} = \sin\theta\sin\phi \\[4pt] \dfrac{\partial r}{\partial z} = \dfrac{z}{r} = \cos\theta \end{array}\right\} \qquad (10.4)$$

$$\left.\begin{array}{l}\dfrac{\partial \theta}{\partial x} = \dfrac{1}{r}\cos\theta\cos\phi \\[4pt] \dfrac{\partial \theta}{\partial y} = \dfrac{1}{r}\cos\theta\sin\phi \\[4pt] \dfrac{\partial \theta}{\partial z} = -\dfrac{1}{r}\sin\theta \end{array}\right\} \qquad (10.5)$$

$$\left.\begin{array}{l}\dfrac{\partial \phi}{\partial x} = -\dfrac{\sin\phi}{r\sin\theta} \\[4pt] \dfrac{\partial \phi}{\partial y} = \dfrac{\cos\phi}{r\sin\theta} \\[4pt] \dfrac{\partial \phi}{\partial z} = 0 \end{array}\right\} \qquad (10.6)$$

式 (10.4)〜(10.6) を式 (10.3) に代入し，さらに $\partial^2/\partial x^2$, $\partial^2/\partial y^2$, $\partial^2/\partial z^2$ の式をつくって，再び式 (10.4)〜(10.6) を代入して整理すると，

$$\dfrac{\partial^2}{\partial x^2} + \dfrac{\partial^2}{\partial y^2} + \dfrac{\partial^2}{\partial z^2} = \dfrac{\partial^2}{\partial r^2} + \dfrac{1}{r^2}\dfrac{\partial^2}{\partial \theta^2} + \dfrac{1}{r^2}\dfrac{1}{\sin^2\theta}\dfrac{\partial^2}{\partial \phi^2} + \dfrac{2}{r}\dfrac{\partial}{\partial r}$$
$$+ \dfrac{1}{r^2}\dfrac{\cos\theta}{\sin\theta}\dfrac{\partial}{\partial \theta} \qquad (10.7)$$

が得られる．

最終的に，式 (10.1) のラプラシアン演算子 ∇^2 の部分としては，

$$\dfrac{\partial^2}{\partial x^2} + \dfrac{\partial^2}{\partial y^2} + \dfrac{\partial^2}{\partial z^2} = \dfrac{\partial^2}{\partial r^2} + \dfrac{2}{r}\dfrac{\partial}{\partial r} + \dfrac{\Lambda}{r^2} \qquad (10.8)$$

$$\Lambda = \dfrac{1}{\sin\theta}\dfrac{\partial}{\partial \theta}\left(\sin\theta\,\dfrac{\partial}{\partial \theta}\right) + \dfrac{1}{\sin^2\theta}\dfrac{\partial^2}{\partial \phi^2} \qquad (10.9)$$

とまとめることができる．

したがって，極座標で表したシュレディンガー方程式は，

$$\left\{-\frac{\hbar^2}{2m}\left(\frac{\partial^2}{\partial r^2}+\frac{2}{r}\frac{\partial}{\partial r}+\frac{\Lambda}{r^2}\right)+V(r)\right\}\varPhi(r,\theta,\phi)=E\varPhi(r,\theta,\phi) \tag{10.10}$$

となる．

[**Exercise 10.1**] 式 (10.7)〜(10.9) を導いてみよ．

§10.2 角度成分と動径方向の解

さて，中心力がはたらく場の中では，粒子の運動は式 (10.10) を解くことによって求めればよいことがわかったが，解くに当たって，ここでも第5章の式 (5.20) で行なったのと同様に，波動関数 $\varPhi(r,\theta,\phi)$ を動径方向の成分 r と角度成分である θ,ϕ とに変数分離できることが使える．そこで，

$$\varPhi(r,\theta,\phi)=R(r)Y(\theta,\phi) \tag{10.11}$$

とおき，式 (10.10) に代入して解くことにする．

$$-\frac{\hbar^2}{2m}\left\{\left(\frac{\partial^2 R}{\partial r^2}+\frac{2}{r}\frac{\partial R}{\partial r}\right)Y+\frac{R}{r^2}\Lambda Y\right\}+V(r)RY=ERY \tag{10.12}$$

において，両辺を RY で割って整理すると，

$$\frac{r^2}{R}\left(\frac{d^2 R}{dr^2}+\frac{2}{r}\frac{dR}{dr}\right)+\frac{2m}{\hbar^2}r^2\{E-V(r)\}=-\frac{\Lambda Y}{Y} \tag{10.13}$$

となる．左辺は R のみの関数，右辺は θ,ϕ のみの関数なので，第5章で学んだように，それらが等しいということは，いずれの変数にもよらない定数になることを意味している．その定数を λ とおくことにすると，

§10.2 角度成分と動径方向の解　117

$$-\frac{\hbar^2}{2m}\left(\frac{\partial^2 R}{\partial r^2} + \frac{2}{r}\frac{\partial R}{\partial r} - \frac{\lambda R}{r^2}\right) + V(r)R = ER \quad (10.14)$$

$$\Lambda Y(\theta,\phi) + \lambda Y(\theta,\phi) = 0 \quad (10.15)$$

という2つの微分方程式が得られる．

　ここから先の解き方は難解になるので，計算の過程は巻末の付録に記し，得られる結果について，物理的考察をすることにしよう．

　角度成分 $Y_{l,m}(\theta,\phi) = \Theta(\theta)\Phi(\phi)$ の具体的な解は，付録に記した計算の結果，以下のように得られる．(なお，右側の図は，左側の式で与えられた球面調和関数 $Y_{l,m}(\theta,\phi)$ の θ,ϕ 依存性を図で示したものである．*) ここ

s 状態 $(l=0)$：

$$Y_{0,0} = \frac{1}{\sqrt{2\pi}}\frac{\sqrt{2}}{2} \quad\quad\quad (a)$$

p 状態 $(l=1)$：

$$Y_{1,0} = \frac{1}{\sqrt{2\pi}}\frac{\sqrt{6}}{2}\cos\theta \quad\quad\quad (b)$$

$$Y_{1,\pm 1} = \mp\frac{1}{\sqrt{2\pi}}\frac{\sqrt{3}}{2}\sin\theta\, e^{\pm i\varphi} \quad\quad\quad (c)$$

d 状態 $(l=2)$：

$$Y_{2,0} = \frac{1}{\sqrt{2\pi}}\frac{\sqrt{10}}{4}(3\cos^2\theta - 1) \quad\quad\quad (d)$$

$$Y_{2,\pm 1} = \mp\frac{1}{\sqrt{2\pi}}\frac{\sqrt{15}}{2}\sin\theta\cos\theta\, e^{\pm i\varphi} \quad\quad\quad (e)$$

＊　原島　鮮 著：「初等量子力学（改訂版）」（裳華房）による．

$$Y_{2,\pm 2} = \frac{1}{\sqrt{2\pi}} \frac{\sqrt{15}}{4} \sin^2\theta \, e^{\pm 2i\varphi} \qquad \boxed{+} \; \vdots \; \Theta \; \vdots \; |Y|^2 \qquad \text{(f)}$$

(10.16)

に示した図は l の小さい場合なので，θ 依存性のみ表され，$\theta = 0$ から π までの間に変わる符号の正負を描いてある．l がもっと大きい場合には，ϕ 依存性についても同様に表せ，θ に加えて $\phi = 0$ から 2π までをも区切った正負の長方形が描け，符号の逆転を示すことができる．ここで，l は**方位量子数**，m は**磁気量子数**とよばれるもので，とりうる値はいずれも整数値であり，以下のものが許される．

$$l = 0, 1, 2, 3, \cdots$$
$$m = l, l-1, l-2, \cdots, -l$$

また，方位量子数 $l = 0, 1, 2, 3, \cdots$ は，次に示す主量子数 n の次に現れる量子数であるが，それぞれ **s, p, d, f, $\cdots$ 状態**という呼び方をすることが多い．例えば，

$$n = 1, \; l = 0 \text{ の場合} \quad 1\text{s 状態}$$
$$n = 2, \; l = 0 \text{ の場合} \quad 2\text{s 状態}$$
$$n = 2, \; l = 1 \text{ の場合} \quad 2\text{p 状態}$$
$$n = 3, \; l = 0 \text{ の場合} \quad 3\text{s 状態}$$
$$n = 3, \; l = 1 \text{ の場合} \quad 3\text{p 状態}$$
$$n = 3, \; l = 2 \text{ の場合} \quad 3\text{d 状態}$$
$$\vdots$$

というように量子状態 (n, l) をよび，それに対応させて波動関数の方も 1s 軌道，2d 軌道，$\cdots$ の関数とよんでいる．

角度成分 $Y_{l,m}(\theta, \phi)$ が得られたところで，巻末の付録に記したもう1つの解である動径方向の $R_{nl}(r)$ についても，その振舞いを見ておこう．

$$\left.\begin{aligned}
R_{1\mathrm{s}}(r) &= \left(\frac{Z}{a_0}\right)^{3/2} 2 e^{-Zr/a_0} \\
R_{2\mathrm{s}}(r) &= \left(\frac{Z}{a_0}\right)^{3/2} \frac{1}{\sqrt{2}}\left(1 - \frac{1}{2}\frac{Zr}{a_0}\right) e^{-Zr/2a_0} \\
R_{2\mathrm{p}}(r) &= \left(\frac{Z}{a_0}\right)^{3/2} \frac{1}{2\sqrt{6}}\frac{Zr}{a_0} e^{-Zr/2a_0} \\
R_{3\mathrm{s}}(r) &= \left(\frac{Z}{a_0}\right)^{3/2} \frac{2}{3\sqrt{3}}\left\{1 - \frac{2}{3}\frac{Zr}{a_0} + \frac{2}{27}\left(\frac{Zr}{a_0}\right)^2\right\} e^{-Zr/3a_0} \\
R_{3\mathrm{p}}(r) &= \left(\frac{Z}{a_0}\right)^{3/2} \frac{8}{27\sqrt{6}}\frac{Zr}{a_0}\left(1 - \frac{1}{6}\frac{Zr}{a_0}\right) e^{-Zr/3a_0} \\
R_{3\mathrm{d}}(r) &= \left(\frac{Z}{a_0}\right)^{3/2} \frac{4}{81\sqrt{30}}\left(\frac{Zr}{a_0}\right)^2 e^{-Zr/3a_0}
\end{aligned}\right\}$$
(10.17)

ここで示す,R の最初の添字 n が**主量子数**とよばれるもので,1 から始まる整数の値をとる.その n の値に対して,方位量子数 l は 0 から始まる整数,磁気量子数 m は $+l$ から $-l$ までの整数をとるので,n と l が指定されたとき,m の異なる状態は $2l+1$ 個である.

電子は自転にともなうスピンの向きが 2 つあることを考慮すると,1 つの nl 軌道に対して電子は 2 個まで入れるので,$2(2l+1)$ が定員となる.このことから,

$$1\,\mathrm{s}, 2\,\mathrm{s}, 3\,\mathrm{s}, \cdots \text{状態の定員は } 2$$
$$2\,\mathrm{p}, 3\,\mathrm{p}, 4\,\mathrm{p}, \cdots \text{状態の定員は } 6$$
$$3\,\mathrm{d}, 4\,\mathrm{d}, 5\,\mathrm{d}, \cdots \text{状態の定員は } 10$$

となるのである.水素原子 H から始まるすべての原子の電子配置の表は,こうして決められたことがわかる.

さて,$R_{nl}(r)$ の関数形については,$rR_{nl}(r)$ と r の関係(図 10.3),あるいは,$r^2 R_{nl}{}^2(r)$ と r の関係(図 10.4)に直した方が,様子がよくわかる.

そして,n, l の主なものについて,水素原子の軌道の様子(第 1 章で,

120   10. 中心力場の中の粒子

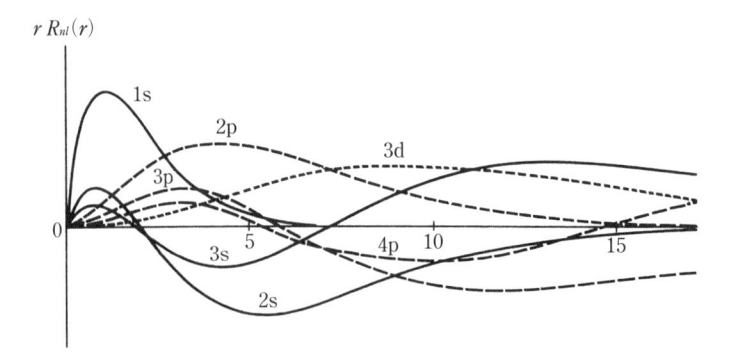

図 10.3　$rR_{nl}(r)$ と r の関係（水素原子（$Z=1$）の場合）．横軸 r はボーア半径 a_0 を単位にして目盛をとってある．
（小出昭一郎 著：『基礎物理学選書5A　量子力学（Ⅰ）（改訂版）』（裳華房）による）

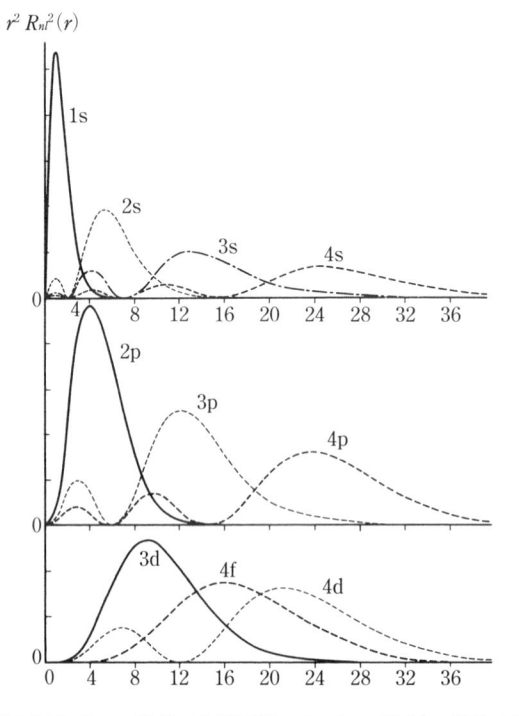

図 10.4　$r^2R_{nl}^2(r)$ と r の関係（水素原子（$Z=1$）の場合）．横軸は図10.3と同じ，縦軸は存在確率を表している．
（小出昭一郎 著：『基礎物理学選書5A　量子力学（Ⅰ）（改訂版）』（裳華房）による）

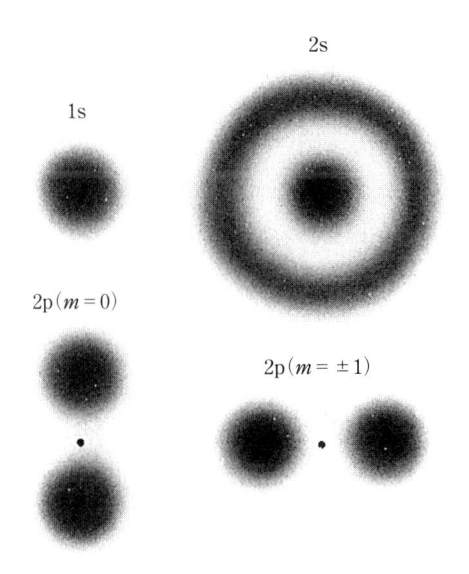

図 10.5 軌道を表す電子雲（水素原子（$Z=1$）の場合）．$|\Phi_{nlm}|^2 = |R_{nl}(r)\,Y_{l,m}(\theta,\phi)|^2$ を2次元的に描いてある．色の濃淡が存在確率の大小を表す．
（小出昭一郎 著：『基礎物理学選書5A 量子力学（I）（改訂版）』（裳華房）による）

電子雲として紹介したもの）を具体的に示したものが，図10.5に描いた模式図である．s軌道は球状であり，sphericalと覚えておくとよい．これらの図を眺めると，諸君にとってすでに見覚えのある結果が導かれたことに気付くであろう．これまでに科学で習ってきた"電子の軌道"というものは，実はこのようにして導出されたものだったのである．

[**Exercise 10.2**] 第II部で，さまざまな環境の下に置かれた粒子の量子状態を計算してきたので，それらを比較したとき，どのような違いや特徴が見られるか，考察できるようになったはずである．そこで，以下の問題に挑戦してみよう．量子力学を本当に理解できたという感激を覚えるはずである．

シュレディンガー方程式を解いた結果，求められるエネルギー準位について考えてみる．本書で解いたさまざまな量子力学的な挙動の中には，与えられた

ポテンシャルの形状の特徴から，次の3種類のエネルギー間隔のものが得られているはずである．

エネルギー準位 n が大きくなるにつれて，どのようになるか．

（1） エネルギー間隔はだんだん狭くなる．

（2） エネルギー間隔はだんだん広くなる．

（3） エネルギー間隔は一定である．

（1）〜（3）のそれぞれの場合に該当する，典型的な問題例を挙げよ．また，ポテンシャル $V(x)$，もしくは $V(r)$ の形を，数式と図で表して答えよ．

[Exercise 10.2] の解答

（1） 水素原子中の電子，式 (1.14)：$E_n = -\dfrac{e^2}{2a_0}\dfrac{1}{n^2}$ $(n = 1, 2, 3, \cdots)$ より．

（2） 井戸型ポテンシャルの粒子 $(V_0 \to \infty,\ (-l/2,\ l/2)$ とすると)，式 (6.14)：$E_n = \dfrac{h^2}{8ml^2}\,n^2$ $(n = 1, 2, 3, \cdots)$ より．

（3） 調和振動子，式 (9.20)：$E_n = \left(n + \dfrac{1}{2}\right)\hbar\omega$ $(n = 0, 1, 2, \cdots)$ より．

なお，$V(x)$，もしくは $V(r)$ の数式や図は，それぞれ該当する節の本文を見よ．

付　　録

A．式 (10.15) を解いて，$Y(\theta, \phi)$ を求める．

まず，本文中の式 (10.9) を使って Λ を元に戻すと，

$$\frac{1}{\sin\theta}\frac{\partial}{\partial\theta}\left(\sin\theta\frac{\partial Y}{\partial\theta}\right) + \frac{1}{\sin^2\theta}\frac{\partial^2 Y}{\partial\phi^2} + \lambda Y = 0 \tag{A.1}$$

となる．$z = \cos\theta$ と置換して式 (A.1) を変形し，少し難解な物理的考察を経ると，結果的に固有値として，

$$\lambda = l(l+1) \quad (l = 0, 1, 2, \cdots) \tag{A.2}$$

固有関数としては，

$$Y_{l,m}(\theta, \phi) = (-1)^{(m+|m|)/2}\frac{1}{\sqrt{2\pi}}\sqrt{\frac{(2l+1)}{2}\frac{(l-|m|)!}{(l+|m|)!}}P_l^{|m|}(\cos\theta)e^{im\phi} \tag{A.3}$$

という球面調和関数で与えられることになる．ここで，$P_l(\zeta)$ は**ルジャンドルの多項式**とよばれ，

$$P_l(\zeta) = \frac{1}{2^l l!}\frac{d^l}{d\zeta^l}(\zeta^2 - 1)^l \tag{A.4}$$

で定義される．また，$P_l^{|m|}(\zeta)$ は，**ルジャンドルの陪関数**

$$P_l^{|m|}(\zeta) = (1 - \zeta^2)^{|m|/2}\frac{d^{|m|}}{d\zeta^{|m|}}P_l(\zeta) \tag{A.5}$$

で定義されるものである．

$Y_{l,m}(\theta, \phi)$ は $Y_l^m(\theta, \phi)$ と記すことも多く，その具体的な解は第 10 章の式 (10.16) のようになる．

なお，固有関数の角度成分 $Y_{l,m}(\theta, \phi)$ に関して，規格化の条件は，式 (A.3) のように係数をとることにより満足されている．つまり，

$$\iint Y_{l,m}{}^*(\theta, \phi)\, Y_{l',m'}(\theta, \phi)\sin\theta\, d\theta\, d\phi = \delta_{ll'}\, \delta_{mm'} \tag{A.6}$$

が成り立っている．

本文中の図 10.2 において，極座標による体積素片が $r^2\,dr\,\sin\theta\,d\theta\,d\phi$ となることを導いたが，その中で角度成分だけ取り出したのが式 (10.16) となる．

B． 式 (10.14) を解いて，$R(r)$ を求める．

次に，いよいよ $R(r)$ の計算に入るが，式 (A.2) の $\lambda = l(l+1)$ により，角度成分の解 $Y_{l,m}$ の影響を受けるので，前節の A を解いた後で求める．

$\chi(r) = r\,R(r)$ とおくと，本文中の式 (10.14) は，

$$-\frac{\hbar^2}{2m}\left\{\frac{\partial^2 \chi}{\partial r^2} - \frac{l(l+1)}{r^2}\chi\right\} + V(r)\,\chi = E\chi \tag{B.1}$$

となるが，ポテンシャル V は，電子（電荷$-e$）が原子核（電荷$+Ze$）からのクーロン力

$$-\frac{Ze^2}{r^2} \quad \text{(cgs 単位系)}$$

を受けて運動するのであるから，

$$V(r) = -\frac{Ze^2}{r} \tag{B.2}$$

で与えられる．式 (B.2) を式 (B.1) に代入し，第 1 章で用いたボーア半径の式

$$a_0 = \frac{\hbar^2}{me^2} \tag{1.15}$$

を用いて，

$$\rho = \frac{Z}{a_0}r, \qquad \eta = \frac{2\hbar^2}{Z^2 me^4}E \tag{B.3}$$

とおくと，式 (B.1) は次のような簡単な形になる．

$$\frac{\partial^2 \chi}{\partial \rho^2} + \left\{\frac{2}{\rho} - \frac{l(l+1)}{\rho^2}\right\}\chi + \eta\chi = 0 \tag{B.4}$$

この解法の詳細は煩雑になるので省略するが，エネルギーとしては，やはり第 1 章で求めたときと同じ値（水素原子では $Z = 1$），

$$E_n = -\frac{Z^2 me^4}{2\hbar^2}\frac{1}{n^2}$$

$$= -\frac{Z^2 e^2}{2a_0}\frac{1}{n^2} \quad (n = 1, 2, 3, \cdots) \tag{2.4}$$

が得られる．ここで，とびとびの値として得られたエネルギー準位の番号 n は主量子数であり，方位量子数 l との間には，$n \geqq l+1$ の関係がある．

固有関数の動径方向の成分 $R_{nl}(r)$ に関しても，規格化が成り立っていないといけないので，

$$\int |R_{nl}(r)|^2 \, r^2 \, dr = \int |\chi_{nl}(r)|^2 \, dr = 1 \tag{B.5}$$

であることが要求され，

$$\int R_{nl}{}^*(r) \, R_{n'l}(r) \, r^2 \, dr = \int \chi_{nl}{}^*(r) \, \chi_{n'l}(r) \, dr = \delta_{nn'} \tag{B.6}$$

が満足された結果の $R(r)$ については，第10章の式（10.17）のようになる．

あ と が き

　物質科学（物性物理学），電気・電子工学，半導体工学，電子デバイス工学などを学ぶに際し，どうしても先に理解しておいてほしいこと，その最低限で必要不可欠な「量子論」というものは，本書の内容に尽きるのではないか，と思われる．もちろん，関連する話を入れていけば切りがないが，この後の発展科目に進んだ際に，いくらでも追加，補強できる題材だと考えられるので，あえてカットさせて頂いた．

　それよりも，理工系に進むのなら，まず何よりも現代の理工系学生として，ぜひ習得しておいてほしい，「量子論」という考え方やモノの見方を紹介することに終始した．そして，これまで学んできた科学の中での物理学（古典物理）という分野の事柄とどのように繋がっているのか，さらに「量子論」まで組み入れると，如何に発展した形で現代物理の全貌を理解できるのかを知ってもらいたいと考え，本書を執筆したのである．

　世に出回っている教科書では釈然としない学生諸君には"自学自習用教材"として，あるいは，物理をほとんど学ばないで大学に入学した学生にとっては，素人でも入り込める"参考書"として，また，基礎知識として何を身に付けておけば後で困らないのかを苦慮する人たちにとっては"バイブル"として，本書が役立てば幸いである．

索　　引

ア行

s, p, d, f, … 状態　118
X 線　18, 31
井戸型ポテンシャルの問題　83
陰極線　35
鋭敏な量子物体　45
エネルギー固有値　66
エネルギー準位　10

カ行

γ 線　18, 55
階段型ポテンシャル　96
解の偶奇性　77, 89, 92
解の連続性　86
可視光線　12, 18, 19
干渉項　22
規格化条件　70
基底状態　11
境界条件　74, 85, 97, 100
極座標　60, 113, 114
光子（フォトン）　27
光電効果　25, 26
固有関数　66
コンプトン効果　30, 31

サ行

紫外線　17, 18, 30
時間を含まないシュレディンガー方程式　68
時間を含むシュレディンガー方程式　66
磁気量子数　118
仕事関数　29
周期的境界条件　80, 81
集積回路　14
自由粒子　59, 74, 78
主量子数　119
シュレディンガーの波動方程式　65, 95
シュレディンガー方程式　65
水素原子中の電子　60, 112
スペクトル　3
　——線のバルマー公式　13
赤外線　18, 30
漸近解　107, 108
存在確率　43, 58

タ行

中心力場　112
調和振動子　105, 106
電子顕微鏡　14
電子線回折　14, 15
電磁波　17, 18
電子の安定軌道　8
透過波　97, 100
透過率　97, 98, 101, 102
とびとびの軌道　8
ド・ブロイ波　4, 5
トンネル効果　103

ナ行

ナブラ　64
入射波　97, 100
ニュートン力学　44
ニュートンリング　17, 22

ハ行

ハイゼンベルクの不確定性原理　47
パッシェン系列　13
波動関数　58
波動の描像　54
ハミルトニアン（ハミルトン演算子）　65
バルマー系列　13, 14
反射波　97, 100
反射率　97, 98, 101, 102
フォトン（光子）　27
不確定さ　50
不確定性原理（不確定性関係）　36, 47, 48, 51, 55, 56
プランク定数　29
平面波　70, 82
ボーアの量子条件　7
ボーア半径　10
方位量子数　118

マ行

ミクロな粒子　50

ヤ行

山型ポテンシャル　99
ヤングの実験　22

ラ行

ライマン系列　13
ラプラシアン　64, 115
粒子性・波動性の共存　36
粒子の描像　53
量子数　8, 76
　磁気――　118
　方位――　118
ルジャンドルの陪関数　123
ルジャンドルの多項式　123
励起状態　11
零点エネルギー　78
零点振動エネルギー　110

著者略歴

松下栄子
まつ した えい こ

　1981 年 京都大学大学院理学研究科物理学第一専攻 博士課程修了．理学博士．日本学術振興会奨励研究員，同特別研究員の傍ら，京都大学教養部，近畿大学理工学部等の非常勤講師を経て，1988 年 海上保安大学校助教授，1990 年 岐阜大学工学部助教授，2003 年 同教授，現在に至る．

　主な著書：「セメスターのための基礎電磁気学」（共著，東海大学出版会）

量子論のエッセンス

	2010 年 11 月 25 日　　第 1 版 1 刷発行
	2024 年 2 月 25 日　　第 1 版 3 刷発行

検印省略

定価はカバーに表示してあります．

著　者	松　下　栄　子
発　行　者	吉　野　和　浩
発　行	〒102-0081東京都千代田区四番町8-1 電話　　（03）3262 - 9166 株式会社 裳　華　房
印 刷 所	中 央 印 刷 株 式 会 社
製 本 所	株式会社 松　岳　社

一般社団法人
自然科学書協会会員

JCOPY 〈出版者著作権管理機構 委託出版物〉
本書の無断複製は著作権法上での例外を除き禁じられています．複製される場合は，そのつど事前に，出版者著作権管理機構（電話03-5244-5088, FAX03-5244-5089, e-mail: info@jcopy.or.jp）の許諾を得てください．

ISBN 978 - 4 - 7853 - 2828 - 3

Ⓒ 松下栄子，2010　　Printed in Japan

物理学レクチャーコース

編集委員：永江知文，小形正男，山本貴博
編集サポーター：須貝駿貴，ヨビノリたくみ

◆ 特 徴 ◆

- 企画・編集にあたって，編集委員と編集サポーターという2つの目線を取り入れた．
  編集委員：講義する先生の目線で編集に務めた．
  編集サポーター：学習する読者の目線で編集に務めた．
- 教室で学生に語りかけるような雰囲気（口語調）で，本質を噛み砕いて丁寧に解説．
- 手を動かして理解を深める "Exercise" "Training" "Practice" といった問題を用意．
- "Coffee Break" として興味深いエピソードを挿入．
- 各章の終わりに，その章の重要事項を振り返る "本章のPoint" を用意．

力 学 山本貴博 著 298頁／定価 2970円（税込）

取り扱った内容は，ところどころ発展的な内容も含んではいるが，大学で学ぶ力学の標準的な内容となっている．本書で力学を学び終えれば，「大学レベルの力学は身に付けた」と自信をもてる内容となっている．

物理数学 橋爪洋一郎 著 354頁／定価 3630円（税込）

数学に振り回されずに物理学の学習を進められるようになることを目指し，学んでいく中で読者が疑問に思うこと，躓きやすいポイントを懇切丁寧に解説している．また，物理学科の学生にも人工知能についての関心が高まってきていることから，最後に「確率の基本」の章を設けた．

電磁気学入門 加藤岳生 著 2色刷／240頁／定価 2640円（税込）

わかりやすさとユーモアを交えた解説で定評のある著者によるテキスト．著者の長年の講義経験に基づき，本書の最初の2つの章で「電磁気学に必要な数学」を解説した．これにより，必要に応じて数学を学べる（講義できる）構成になっている．

熱 力 学 岸根順一郎 著 338頁／定価 3740円（税込）

熱力学がマクロな力学を土台とする点を強調し，最大の難所であるエントロピーも丁寧に解説した．緻密な論理展開の雰囲気は極力避け，熱力学の本質をわかりやすく "料理し直し"，曖昧になりがちな理解が明瞭になるようにした．

相対性理論 河辺哲次 著 280頁／定価 3300円（税込）

特殊相対性理論の「基礎と応用」を正しく理解することを目指し，様々な視点と豊富な例を用いて懇切丁寧に解説した．また，相対論的に拡張された電磁気学と力学の基礎方程式を，関連した諸問題に適用して解く方法や，ベクトル・テンソルなどの数学の考え方も丁寧に解説した．

◆ コース一覧（全17巻を予定）◆

- 半期やクォーターの講義向け（15回相当の講義に対応）
  力学入門，電磁気学入門，熱力学入門，振動・波動，解析力学，量子力学入門，相対性理論，素粒子物理学，原子核物理学，宇宙物理学
- 通年（I・II）の講義向け（30回相当の講義に対応）
  力学，電磁気学，熱力学，物理数学，統計力学，量子力学，物性物理学

裳華房ホームページ　https://www.shokabo.co.jp/

物 理 定 数

光 速 度	$c = 2.9979 \times 10^8$ m/s
電子の質量	$m = 9.1094 \times 10^{-31}$ kg
陽子の質量	$M_p = 1.6726 \times 10^{-27}$ kg
電 気 素 量	$e = 1.6022 \times 10^{-19}$ C
電子の比電荷	$e/m = 1.7588 \times 10^{11}$ C/kg
プランク定数	$h = 6.6262 \times 10^{-34}$ J·s
	$\hbar = 1.0546 \times 10^{-34}$ J·s
ボーア半径	$a_0 = 5.29177 \times 10^{-11}$ m
リュードベリ定数	$R = 1.09737 \times 10^7$ m^{-1}
ボルツマン定数	$k_B = 1.38066 \times 10^{-23}$ J/K
アヴォガドロ定数	$N_A = 6.02214 \times 10^{23}$ mol^{-1}
原子量規準	^{12}C $= 12.000$

エネルギー諸単位換算表

	[K]	[cm^{-1}]	[eV]	[J]
1 K =	1	0.69504	0.86174×10^{-4}	1.38066×10^{-23}
1 cm^{-1} =	1.43877	1	1.23984×10^{-4}	1.98645×10^{-23}
1 eV =	1.16044×10^4	0.80655×10^4	1	1.60218×10^{-19}

1 K は $T = 1$ K に対する $k_B T$ の値
1 cm^{-1} は波長 1 cm (すなわち 1 cm 中の波数が 1) の光子の $h\nu$